渤海西部海域渔业生物资源系列之二

渤海西部海域
海洋鱼类

许玉甫　安宪深　李怡群　等　编著

海洋出版社

2021年·北京

图书在版编目 (CIP) 数据

渤海西部海域海洋鱼类 / 许玉甫等编著 . —北京：
海洋出版社，2021.10

ISBN 978-7-5210-0828-9

Ⅰ.①渤… Ⅱ.①许… Ⅲ.①渤海 – 鱼类 – 图集
Ⅳ.① Q959.4–64

中国版本图书馆 CIP 数据核字 (2021) 第 207453 号

责任编辑：苏　勤
责任印制：安　森

海洋出版社 出版发行
http://www.oceanpress.com.cn
北京市海淀区大慧寺路 8 号　　邮编：100081
廊坊一二〇六印刷厂印制　　新华书店北京发行所经销
2021 年 10 月第 1 版　2021 年 10 月第 1 次印刷
开本：787 mm × 1092 mm　1/16　印张：9
字数：145 千字　　定价：198.00 元
发行部：010-62100090　邮购部：010-62100072　总编室：010-62100034
海洋版图书印、装错误可随时退换

编写组

主　　编：许玉甫　　安宪深　　李怡群

副主编：张海鹏　　王真真　　高文斌　　王慎知

编　　委：周　军　　杨贵本　　杨金晓　　刘金柯

　　　　　谷德贤　　苏文清　　王卫平　　曹现峰

　　　　　高东彪　　张军生　　石云海　　张彦龙

　　　　　李　建　　杨春晖　　钟　喆　　马国臣

　　　　　王　婷　　李雪冬　　龙　香　　于　莉

　　　　　姚　远　　张　强　　段学民　　周建军

内容简介

　　本书记述了近年来在渤海西部海域现场采集或收集到的鱼类 117 种，隶属于 2 纲、16 目、51 科、89 属，主要记录了每种鱼的形态特征、地理分布、生态习性、资源现状和经济意义，并配有原色照片和标注了显著形态特征的手绘图，形象直观、通俗易懂。为了便于广大读者使用和检索，还附有中文名和拉丁文学名索引。

　　本书是一部专业性与实用性、知识性与科普性相结合的图书，适合海洋渔业科研与教学人员、水产科技与渔业工作者、青少年学生及渔业爱好者参阅。

前　言

渤海西部海域渔业资源丰富，被称为"渔业摇篮"，是我国大型洄游经济鱼类和地方性经济鱼类产卵、繁育、育肥、索饵生长的场所。但近年来受渤海填海造地、海上石油开采、过度捕捞及近岸陆源污染等因素影响，这一海域的鱼类组成和分布发生了较大变化。此外在渔业资源调查及与渔政执法人员、渔民及海洋鱼类爱好者等交流中感觉鱼类的现场鉴定是一个普遍存在的难题。为此编著一本准确记录鱼类资源现状和形态特征，并配有原色照片和标注其显著形态特征的图书十分必要。

作者借助海上渔业资源现场调查和在沿海渔港、渔村社会调研的机会，收集了很多渤海西部鱼类标本，并对其进行了拍摄，形成珍贵的影像资料。在此基础上，参考了渔业科研工作者多年的研究成果和相关文献资料，撰写完成了《渤海西部海域海洋鱼类》。

本书记述了渤海西部海域现场采集或收集到的鱼类117种，隶属于2纲、16目、51科、89属；另外以附录形式对国家二级保护动物头索纲的文昌鱼进行了描述。本书主要记录了每种鱼的中文名、拉丁名、同种异名和别名，并对其形态特征、地理分布、生态习性、资源现状和经济意义做了简述。为了便于鉴定，同时配有原色照片和标注了显著形态特征的手绘图。本书的鱼类分类鉴定和形态学特征描述方面，主要参考了《黄渤海鱼类图志》（刘静等，2015）、《河北动物志·鱼类》（王所安等，2001）、《中国海洋鱼类》（陈大刚等，2015）；中文名、拉丁名、同种异名和别名主要参考了《拉汉世界鱼类系统名典》（伍汉霖，2012）和"物种2000"（http://www.sp2000.org.cn）。同时为了便于广大读者使用和检索，书后还附有中文名和拉丁文学名索引。

本书是团队共同努力的成果，在鱼类标本收集过程中，得到了河北渔民杨海杰、姜伟、陆立平、张福周、赵艳东、张福恩和王涛等的大力支持和帮助；在书稿编写和出版过程中，得到了河北省海洋与水产科学研究院、秦皇岛海洋和渔业局、唐山市农业农村局、沧州市农业农村局、秦皇岛市国家级水产种质资源保护区管理处和国家海洋局秦皇岛海洋环境监测中心站等各级领导以及国内外专家学者和同仁的大力帮助，在此一并表示感谢。本书得到"河北省特色海产品创新团队首席专家"项目的资助。

由于作者学识有限，书中难免有错误与不足，敬请读者批评指正。

许玉甫

2019 年 12 月

目 录

渤海西部海域
海洋鱼类

软骨鱼纲 Chondrichthyes

一、鲼形目 Rajiformes

（一）鳐科 Rajidae

1. 斑瓮鳐 (Bānwèngyáo) *Okamejei kenojei* (Müller & Henle,1841)

别名： 孔鳐、斑鳐、老板鱼。

同种异名： *Raja porosa* (Günther, 1874)；*Raja kenojei* (Müller & Henle, 1841)。

形态特征： 体平扁，前部斜方形，后部圆形。眼较小，长形。喷水孔位于眼后。口中大，横裂形，微向前曲。鱼体的背、腹面光滑，但在体盘背面前缘两侧以及吻部有许多小刺突起。另外在背中央前端有 3 个小刺。雄鱼尾背部有 3 纵行刺状突，雌鱼有 5 纵行。背鳍 2 个，大小形状均相似，呈半圆形。背鳍间的距离略短于第一背鳍基的 1/2，第二背鳍与尾鳍上叶连接。尾鳍下叶退化。胸鳍前延，较宽，距吻端较远。腹鳍后角长，后缘分裂较深，前部突出呈趾状。尾粗而扁，有侧褶。体背呈褐色，体盘上常有深褐色斑点，肩区后方两侧常具 1 或 2 个椭圆形暗色斑块。腹面具许多黑斑，口围处较多。

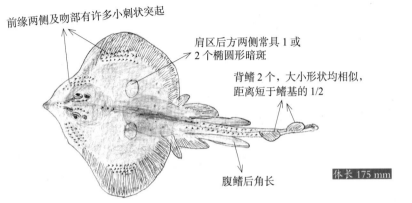

前缘两侧及吻部有许多小刺状突起

肩区后方两侧常具 1 或 2 个椭圆形暗斑

背鳍 2 个，大小形状均相似，距离短于鳍基的 1/2

腹鳍后角长

体长 175 mm

图 1　斑瓮鳐 *Okamejei kenojei*

地理分布：渤海、黄海和东海。朝鲜半岛、日本也有分布。

生态习性：为冷温性底栖大型鳐类。栖息于沿岸水深 20 ~ 120 m 处，常浅埋沙中。捕食甲壳类、贝类、头足类和小鱼等。卵生。黏附于海藻及其他物体上。产卵期 5—9 月。

资源现状：1984 年渔业资源调查 3—12 月的拖网渔获物中都有该鱼。到 2004 年调查中只有 3—5 月捕到几尾，在以后至 2016 年的大面调查没有见到该鱼。该标本由渔码头渔民提供。现已数量很少，为偶见种。

经济意义：肉可食用，有一定的经济价值。

2. 美鳐 (Měiyáo) *Raja pulchra* (Liu, 1932)

别名：史氏鳐、老板鱼。

同种异名：*Raja smirnovi* (Soldatov & Pavlenko, 1915)。

形态特征：体平扁、体盘薄，前部斜方形，在吻侧与眼外缘凹入，后部圆形。吻钝尖。尾颇短，侧褶发达。眼小。喷水孔椭圆形，紧位于眼后，前部伸达眼后半部下方，前缘里侧有 1 皮褶。口中大，横平，浅弧形。牙小，钝圆或稍尖，呈铺石状排列。体光滑，背面有小刺状突起，雄鱼位于眼前方 2 个，后方 1 个，眼间的后方中央处 1 个。尾背面有 1 行小刺，9 ~ 15 个，其中背鳍间 1 ~ 2 个。背鳍 2 个，大小和形状几乎相同；尾鳍小。雌鱼背面喷水口上方有一群小结刺，尾部结刺 3 ~ 5 行，第二背鳍与尾鳍上叶相连。胸鳍前延，外角钝圆。

腹鳍外缘分裂很深，前部突出呈足趾状。尾鳍下叶消失。体呈深棕色，胸鳍上常有 2 个淡棕色的圆斑。腹面色浅。

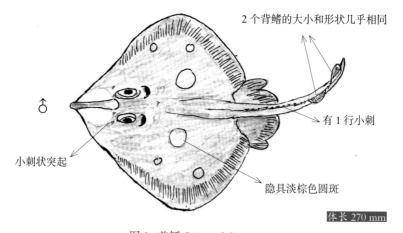

2 个背鳍的大小和形状几乎相同

有 1 行小刺

小刺状突起

隐具淡棕色圆斑

体长 270 mm

图 2 美鳐 *Raja pulchra*

地理分布： 中国沿海。朝鲜半岛、日本也有分布。
生态习性： 为冷温性底层中小型鳐类。栖息于浅海泥沙底质海域。
资源现状： 近年来资源严重衰退，数量很少，为偶见种。
经济意义： 可食用，有一定的经济价值。

二、鲼形目 Myliobatiformes

（二）魟科 Dasyatidae

3. 赤魟 (Chìhóng) *Dasyatis akajei* (Müller & Henle, 1841)

别名： 红鲂、赤土魟、洋鱼、箭洋鱼、黄貂鱼。

同种异名： *Trygon akajei* (Müller & Henle, 1841)；*Dasyatis akajel* (Müller & Henle, 1841)。

形态特征： 体盘亚圆形，平扁，体盘宽约为体盘长的 1.2 倍。尾细长如鞭。吻较短，呈圆锥状突出。眼较小，稍突起。眼间隔宽平。鼻孔大，有长方形的鼻瓣伸至口。口小，波曲；口底中央具显著乳突 3 个，两侧各具细小乳突 1 个。牙细小，平扁。无背鳍和臀鳍。胸鳍略宽，后缘长。腹鳍小，后缘直。尾刺 1 枚，位于尾上，扁锯齿状。尾很长，约为体盘长的 2 倍以上，前端粗，自尾刺向后渐变成鞭状。尾刺前方有侧褶，尾刺后部上、下方具皮褶。体赤褐色，个

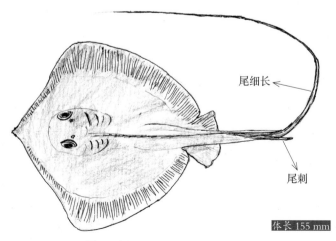

图 3　赤魟 *Dasyatis akajei*

体大者较深，腹面近边缘区橙黄色，中央区淡黄色，体盘边缘色淡。眼前和眼下、喷水孔上侧和后部以及尾两侧为赤黄色。

地理分布：中国沿海。朝鲜半岛、日本也有分布。

生态习性：为暖温性近海底栖中小型次要经济鱼类，以小鱼和甲壳动物为食。卵胎生。尾刺有毒腺。6月出现在渤海西部海域，10月洄游到深水区越冬。

资源现状：过去的常见种，现数量少，为偶见种。

经济意义：肉可食用，肉较粗。尾部毒液及尾刺可入药。肝可制作鱼肝油。

辐鳍鱼纲 Actinopterygii

三、鳗鲡目 Anguilliformes

（三）海鳗科 Muraenesocidae

4. 海鳗 (Hǎimán) *Muraenesox cinereus* (Forsskal,1775)

别名：灰海鳗、狼牙鳝、鳗鱼、虎鳗。

同种异名： *Muraena cinerea* (Forsskal, 1775)；*Muraena arabicus* (Bloch & Schneider, 1801)；*Muraenosox cinereus* (Forsskal, 1775)。

形态特征：体延长，躯干部近圆筒状，尾部侧扁。头尖而长，呈锥状。眼大，长椭圆形，上侧位，眼间隔平坦。口大，前位，口裂达眼后方。上颌突出，上、下颌牙均为3行，中间1行最大，侧扁；内外两侧牙细小。前颌骨和下颌骨前方各有6～10颗大犬牙，排列不规则。犁骨具牙3行，中间1行犬牙状，侧扁。舌狭窄，不游离。鳃孔宽大。无体鳞，皮肤光滑。侧线孔明显。

背鳍起点在胸鳍基部稍前上方，肛门上方之前的背鳍鳍条数为66～78。背鳍、臀鳍和尾鳍均发达，并相连。胸鳍发达、尖长。体背及两侧暗褐色或银灰色，腹部乳白色。背鳍、臀鳍和尾鳍边缘黑色，胸鳍浅褐色。

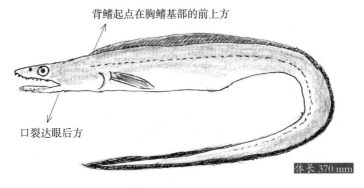

背鳍起点在胸鳍基部的前上方

口裂达眼后方

体长 370 mm

图 4 海鳗 *Muraenesox cinereus*

地理分布：中国沿海。红海、非洲东岸、印度、菲律宾、印度尼西亚、澳大利亚、朝鲜半岛、日本也有分布。

生态习性：为暖水性近底层鱼类。游泳迅速，季节性洄游。通常栖息于 50～80 m 的深水区，5—6月进入泥沙底质的浅海及河口区，生殖洄游。昼伏夜出。性凶猛。肉食性，以底栖的虾、蟹、乌贼、小鱼为食。10月后返回黄海南部越冬场。

资源现状：进入渤海的数量少，停留时间短，故很少见到，为偶见种。

经济意义：肉质细嫩鲜美，为上等食用鱼类。

（四）康吉鳗科 Congridae

5. 星康吉鳗 (Xīngkāngjímán) *Conger myriaster* (Brevoort, 1856)

别名：星鳗、鳝鱼、沙鳗。

同种异名：*Anguilla myriaster* (Brevoort, 1856)；*Astroconger myriaster* (Brevoort, 1856)。

形态特征：体延长，躯干部圆筒状，尾部侧扁。头中大、圆锥形。眼上侧位，眼间隔宽平。鼻孔每侧2个，前鼻孔为短管状，靠近吻端；后鼻孔为圆形，位于眼的前方。口大，口裂伸达眼中部下方或稍后方。下颌稍短于上颌。体无鳞，皮肤光滑。侧线孔明显。头部和吻上具发达的黏液孔。背鳍起点在胸鳍基部的后上方。背鳍、臀鳍、尾鳍相连。胸鳍宽圆。体背暗褐色，腹侧浅灰色，腹部白色。在头部及体侧，两侧侧线孔与背鳍间各有1列白色斑点，斑点之间的距离大于侧线孔间距。背鳍与侧线之间白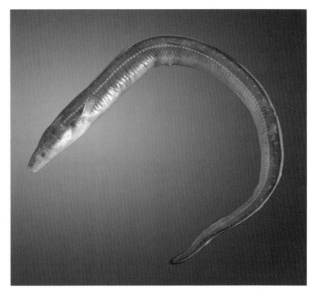色斑点，经浸制处理后的标本其斑点依然存在，为此种独具的特点。背鳍、臀鳍、尾鳍边缘黑色，胸鳍淡色。

地理分布：渤海、黄海和东海。朝鲜半岛、日本也有分布。

生态习性：为暖温性近岸底层鱼类。栖息于沙泥底质海域。以多毛类、甲壳动物、软体动物及小鱼为食。产卵期6—7月。

资源现状：数量少，为偶见种。在地笼网中偶尔捕获。

经济意义：可食用，有较高的经济价值。

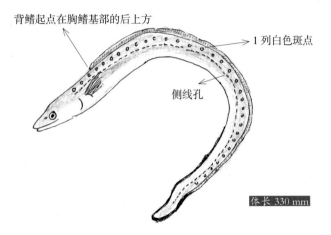

背鳍起点在胸鳍基部的后上方

1列白色斑点

侧线孔

体长 330 mm

图 5　星康吉鳗 *Conger myriaster*

四、鲱形目 Clupeiformes

（五）锯腹鳓科 Pristigasteridae

6. 鳓 (Lè) *Ilisha elongata* (Bennett, 1830)

别名：鲙鱼、白鳞鱼、曹白鱼。

同种异名：*Alosa elongata* (Bennett, 1830)。

形态特征：背鳍 15 ～ 17；臀鳍 48 ～ 50；胸鳍 17 ～ 18；腹鳍 7。

体延长，侧扁而高，背缘窄，腹部具锐利的棱鳞。头上部有 2 条隆起脊，由吻部达头后部。口小，上翘。体被薄圆鳞，无侧线。背鳍始于体中部。臀鳍始于背鳍基终点的下方，其

基部甚长，约为背鳍基底长的 4 倍。胸鳍下侧位向后伸达腹鳍基。腹鳍甚小，位于背鳍前下方。尾鳍叉型。体背部灰色，体侧银白色。

地理分布：中国沿海，印度洋 – 大西洋海域均有分布。

生态习性：为暖水性近海中上层洄游鱼类。白天活动于中、下层水域，晚上或阴天活动于中上层。幼鱼以浮游动物为食，成鱼则捕食虾类、头足类、多毛类、小型鱼类等。游速快，喜群居。5 月进入渤海湾，繁殖期为 5—6 月，产卵场多在近海河口处。浮性卵。9—10 月水温下降，游离该海区到黄海南部海域越冬。

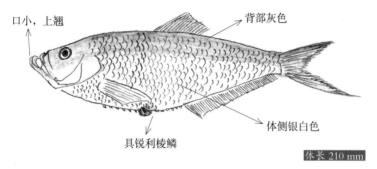

口小，上翘

背部灰色

具锐利棱鳞

体侧银白色

体长 210 mm

图 6　鳓 *Ilisha elongata*

资源现状：在 20 世纪五六十年代，该鱼种为近海渔业春汛捕捞的鱼种之一，有一定的产量。随着渔船的机械化和网具的胶丝化以及捕捞强度的提高，资源遭受破坏，近 30 年来一直没有产量，目前在渤海西部海域还有零星分布，2016 年定点采样调查中捕到 1 尾幼鱼，为偶见种。

经济意义：肉味鲜美，为中国沿海的重要经济鱼类之一。

（六）鳀科 Engraulidae

7. 凤鲚　(Fèngjì) *Coilia mystus* (Linnaeus, 1758)

别名：凤尾鱼、刀鱼、河刀鱼。

同种异名：*Chaetomus playfairii* (McClelland, 1844)；*Osteoglossum prionostoma* (Basillewsky, 1855)；*Clupea mystus* (Osbeck, 1757)。

形态特征：背鳍 I，13；臀鳍 74 ～ 79；胸鳍Ⅵ +12；腹鳍 I，6。

体延长而侧扁，头与躯干较粗大，向后渐细长。腹缘有锯齿状棱鳞。口大，下位，斜裂。上颌骨后延伸达胸鳍基部。腹部棱鳞显著。无侧线。胸鳍上方有 6 根鳍条，分离为丝状，

长约为其他鳍条的 3 倍。尾鳍上叶尖长，下叶短小，下叶鳍条与臀鳍条相连。头体上部黑灰色，体侧银白色。

地理分布：中国沿海。朝鲜半岛、日本，南至印度尼西亚均有分布。

生态习性：为暖温性中上层小型鱼类，栖息于沿海港湾、河口附近。摄食桡足类、糠虾、端足类、鱼卵等。3 月出现在渤海西部海域，5 月游向河口咸淡水区繁殖，产卵期 6—8 月。浮性卵。当年幼鱼类最大体长可达 90 mm。12 月后洄游到渤海中部海域越冬。

资源现状：由于过度捕捞及环境的变化，目前数量已很少，为偶见种。

经济意义：肉质细嫩，味道鲜美，是较高档的食用鱼类。

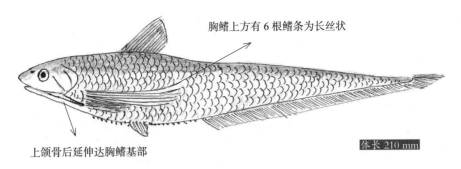

胸鳍上方有 6 根鳍条为长丝状

体长 210 mm

上颌骨后延伸达胸鳍基部

图 7 凤鲚 *Coilia mystus*

8. 日本鳀 (Rìběntí) *Engraulis japonicus* (Temminck & Schlegel, 1846)

别名：鳀、鳀鱼、出水烂、抽条、鲅鱼食。

同种异名：*Stolephorus celebicus* (Hardenberg, 1933)。

形态特征：背鳍 14 ～ 15；臀鳍 18；胸鳍 17；腹鳍 7。

体延长，略侧扁，躯干近圆筒状，腹部无棱鳞。吻尖圆。上颌突出于下颌。眼大，侧上位，眼径大于吻长。除头部外，体被圆鳞，鳞小而薄，易脱落。

无侧线。背鳍始于腹鳍稍后的上方。臀鳍始于背鳍基后部的下方。尾鳍深叉形。体背部蓝黑色，两侧和腹面银白色。

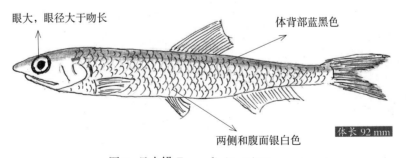

眼大，眼径大于吻长

体背部蓝黑色

两侧和腹面银白色

体长 92 mm

图 8 日本鳀 *Engraulis japonicus*

地理分布：渤海、黄海、东海。俄罗斯远东、朝鲜半岛、日本等地均有分布。

生态习性：为近海暖温性中上层洄游性小型鱼类。喜欢表层活动，集群性和趋光性强，有昼夜垂直移动现象。以滤食浮游动物、卵及小鱼为食。5 月到达渤海西部，产卵期 5—8 月。浮性卵。幼鱼到 11 月体长可达 40 ～ 60 mm。11 月游离渤海至黄海南部海域越冬。

资源现状：当年幼鱼是秋季浮拖网的主要捕捞对象，资源相对较稳定，有一定的产量。为优势种。

经济意义：可制成鱼干、鱼粉，为养殖动物的饲料。

9. 黄鲫 (Huángjì) *Setipinna tenuifilis* (Valenciennes,1848)

别名：麻口鱼、毛口鱼、油鱼。

同种异名：*Setipinna gilberti* (Jordan & Starks, 1905)；*Setipinna taty* (Valenciennes, 1848)。

形态特征：背鳍 13 ~ 14；臀鳍 50 ~ 56；胸鳍 12 ~ 13；腹鳍 6 ~ 7。

体很侧扁，背缘窄而稍隆凸，腹缘有棱鳞。吻短，钝圆。口大而斜，上颌稍长于下颌。眼小，侧上位，眼间隔狭而隆凸。体被圆鳞，极易脱落。背鳍起点与臀鳍起点相对。臀鳍基部长。胸鳍位低，其上缘有 1 鳍条延长为丝状，向后到达臀鳍起点。尾鳍叉形。体背部青绿色，体侧银白色。吻和头侧中部淡金黄色。

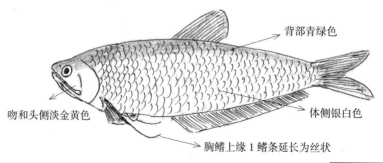

背部青绿色

吻和头侧淡金黄色

体侧银白色

胸鳍上缘 1 鳍条延长为丝状

体长 155 mm

图 9　黄鲫 *Setipinna tenuifilis*

地理分布：中国沿海。马来半岛、印度尼西亚、朝鲜半岛、日本也有分布。

生态习性：近海暖水性、中下层洄游性小型鱼类。食性以浮游动物为主。每年 5 月到达渤海西部，产卵期 5—8 月，盛期为 6 月。浮性卵。当年幼鱼体长可达 90 ~ 105 mm。10—11 月游离渤海西部近海，洄游到黄海南部海域越冬场。

资源现状：20 世纪七八十年代的优势种，尤其在唐山、沧州海区。目前由于过度利用，产量下降，但还是鱼类的优势种。

经济意义：近海常见的小型食用鱼类。

10. 赤鼻棱鳀 (Chìbíléngtí) *Thryssa kammalensis* (Bleeker, 1849)

别名：棱鳀、尖口、赤鼻。

同种异名：*Scutengraulis kammalensis* (Bleeker, 1849)；*Engraulis kammalensis* (Bleeker, 1849)。

形态特征：背鳍 I，12；臀鳍 28 ~ 34；胸鳍 13；腹鳍 7。

体长形，稍侧扁。吻显著突出，圆锥形。口大，下位。口裂向后微下斜。上颌长于下颌。体被圆鳞。腹缘有棱鳞。无侧线。背鳍始于腹鳍起点的稍后上方。臀鳍始于背鳍的后下方，其基部较长。胸鳍末端几乎伸达腹鳍基。腹鳍始于背鳍的前下方。尾鳍深叉形。体侧银白色，背部为青绿色。吻常为赤红色。

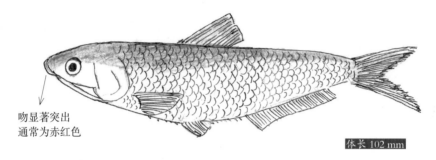

吻显著突出
通常为赤红色

体长 102 mm

图 10　赤鼻棱鳀 *Thryssa kammalensis*

地理分布：中国沿海。印度、斯里兰卡、菲律宾、印度尼西亚均有分布。

生态习性：浅海暖温性中上层，洄游性小型鱼类。以中国毛虾、糠虾、钩虾和一些浮游性幼体为食。5 月到达渤海西部近海，产卵期 5—8 月。浮性卵。当年幼鱼体长可达 60 ~ 65 mm。11—12 月游离渤海到黄海北部海域越冬场。

资源现状：产量不大，为主要种。

经济意义：属于下等食用鱼类，经济价值不大。

11. 中颌棱鳀 (Zhōnghéléngtí) *Thryssa mystax* (Bloch & Schneider, 1801)

别名：油条。

同种异名：*Clupea mystax* (Bloch & Schneider, 1801)；*Engraulis mystacoides* (Bleeker, 1852)。

形态特征：背鳍 I，14 ~ 15；臀鳍 34 ~ 38；胸鳍 12 ~ 13；腹鳍 7。

体延长，甚侧扁，前部稍宽，后部稍窄。口裂长而大，上颌骨长，末端尖形，向后伸达胸鳍基部。体被圆鳞，易脱落。腹缘具棱鳞。无侧线。背鳍位于体中部，前有 1 小刺，起点距吻端与距尾

鳍基底约相等。臀鳍始于背鳍基末端的下方，其基部甚长。胸鳍向后伸达腹鳍。腹鳍小。尾鳍深叉形。体背部青灰色，体侧和腹部银白色。

靠近鳃盖的后上角有 1 块黄绿色的斑。背鳍淡青黄色，胸鳍和尾鳍黄色，腹鳍和臀鳍白色。

黄绿色斑

上颌骨向后延伸达胸鳍基部

体长 97 mm

图 11　中颌棱鳀 *Thryssa mystax*

地理分布：中国沿海。朝鲜半岛、印度、缅甸、马来西亚、泰国、越南、菲律宾、印度尼西亚均有分布。

生态习性：近海暖温性，中上层小型鱼类，不做远距离洄游。以糠虾、毛虾、钩虾、蔓足类幼体、多毛类幼体，腹足类幼体和长尾类幼体为食。产卵期 5—8 月。浮性卵。当年幼鱼体长可达 60～65 mm。10—11 月，游离近海去深水区域越冬。

资源现状：为常见种，产量不大。

经济意义：属于低档食用鱼类，经济价值不大。

（七）鲱科 Clupeidae

12. 斑鰶 (Bānjì) *Konosirus punctatus* (Temminck & Schlegel, 1846)

别名：窝斑鰶、气泡鱼、刺儿鱼。

同种异名： *Clupanodon punctatus* (Temminck & Schlegel, 1846); *Chatoessus punctatus* (Temminck & Schlegel, 1846); *Chatoessus aquosus* (Richardson, 1846); *Nealosa punctata* (Temminck & Schlegel, 1846)。

形态特征：背鳍 15～17；臀鳍 21～24；胸鳍 16；腹鳍 8。

体梭形，侧扁，腹缘具锯齿状的棱鳞。眼距吻端近，脂眼睑发达，约遮盖眼的一半。口小，上颌稍长于下颌。体被较小圆鳞，不易脱落。无侧线。背鳍位于体中部前方，最后鳍条体延长为丝状，末端伸达尾柄中间。臀鳍起点位于背鳍基底后方。腹鳍始于背鳍起点的后下方。尾鳍深叉形。背缘青绿色，体侧和腹部银白色，吻部乳白色。鳃盖后上方有1块明显的墨绿色斑。体上侧鳞具褐绿色小斑，连续成7～9条褐绿色细纵带。背鳍和臀鳍呈淡黄色，胸鳍和尾鳍黄色，腹鳍白色，背缘和臀鳍的后缘黑色。

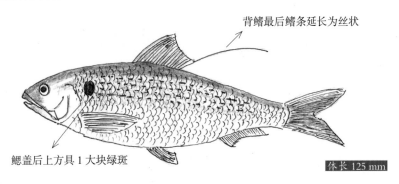

背鳍最后鳍条延长为丝状

鳃盖后上方具1大块绿斑

体长 125 mm

图 12　斑鰶 Konosirus punctatus

地理分布： 中国沿海。印度、朝鲜半岛和日本也有分布。

生态习性： 为暖温性中上层浅海小型鱼类。广盐性。结群洄游。每年5月初到达渤海西部近海。以浮游生物为食。产卵期5—7月。浮性卵。当年生幼鱼体长可达90～120 mm。10—11月水温下降游向黄海中部海域越冬场。

资源现状： 20世纪七八十年代的主要捕捞鱼种之一，由于利用过度，现已产量较低，在秋末捕捞到集群洄游的当年生幼鱼，但仍为当前的优势种。

经济意义： 肉细味美，含脂肪较多，为人们喜爱的食用经济鱼类。

13. 青鳞小沙丁鱼 (Qīnglínxiǎoshādīngyú) Sardinella zunasi (Bleeker,1854)

别名： 锤氏小沙丁鱼、青鳞沙丁鱼、青鳞鱼、青皮、柳叶鱼。

同种异名： Harengula zunasi (Bleeker,1854); Clupea zunasi (Bleeker,1854); Sardinella zunasis (Bleeker,1854)。

形态特征： 背鳍16～19；臀鳍20～22；胸鳍15～17；腹鳍8。

体延长，侧扁而高，背缘微隆凸，腹缘具锐利棱鳞。眼中等大，侧上位，除瞳孔外均被脂眼睑覆盖。口小，前上位。下颌略长于上颌。体被薄大圆鳞，不易脱落。无侧线。背鳍位于体中部前方。臀鳍位于体后半部。腹鳍始于背鳍第10鳍条下方。尾鳍深叉形。体背部青褐色，体侧下方和腹部银白色。鳃盖后上角具1黑斑。背鳍、胸鳍、尾鳍淡黄色。

地理分布：黄海、渤海、东海。菲律宾、日本、朝鲜沿海也有分布。

生态习性：暖温性近海中上层洄游性小型鱼类，以浮游动物为食。5月到达渤海西部近海，产卵期

5—7月。浮性卵。当年生幼鱼体长可达 80 ~ 95 mm。10月水温下降，游离渤海去黄海北部海域越冬。

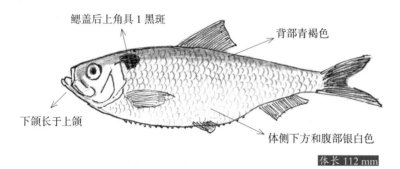

图 13　青鳞小沙丁鱼 *Sardinella zunasi*

资源现状：20 世纪七八十年代，每年的 6、7 两月有专捕挂网捕捞生产，由于过度利用，目前已形不成产量。为主要种。

经济意义：肉细味美，为中国北方常见的经济鱼类之一。

五、胡瓜鱼目 Osmeriformes

（八）香鱼科 Plecoglossidae

14. 香鱼　(Xiāngyú) *Plecoglossus altivelis*（Temminck & Schlegel,1846）

别名：海胎鱼、细鳞鱼。

同种异名：*Salmo altivelis* (Temminck & Schlegel, 1846)。

形态特征：背鳍 10 ~ 11；臀鳍 14 ~ 15；胸鳍14；腹鳍7。

体延长，稍侧扁，略呈纺锤形。头小。吻中长，向前倾斜，形成吻钩。眼中大，小于吻长，上侧位，眼间宽而圆凸。口大。上颌骨向后伸达眼后缘下方。下颌中间具凹陷，口闭合时吻钩置于下颌的凹陷内。两颌边缘牙为侧扁形，似梳状，着生于两颌的皮上。犁骨无牙。颚骨和舌

上具细牙。鳃孔大，鳃盖膜与峡部前方相连。体被极细小的圆鳞。侧线平直，沿体侧中央直走。背鳍中大，位于身体中部，起点在腹鳍起点稍前，在靠近尾柄处另具 1 小脂鳍。胸  鳍狭长。尾鳍分叉。头体上侧为绿色，背缘黑色，两侧及腹部为白色。

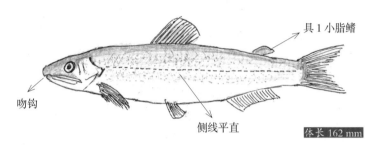

图 14　香鱼 *Plecoglossus altivelis*

地理分布：渤海、黄海、东海。朝鲜半岛、日本也有分布。

生态习性：为溯河性中小型鱼类。喜欢栖息于清澈干净的冷水溪流和湖泊。每年秋季亲鱼到河口产卵，孵化后的幼鱼进入海里，翌年春季幼鱼再溯河而上。主要摄食硅藻、蓝藻、绿藻及水生昆虫。产卵期 9 月下旬到 10 月。沉性卵，分批产卵。

资源现状：前些年在秦皇岛的石河口、戴河口秋季底拖网的渔获中见过该鱼，近年来，因洄游条件被破坏，很少见到。

经济意义：肉细味美，具有特殊香味，为上等食用鱼。

（九）银鱼科 Salangidae

15. 安氏新银鱼 （Ānshìxīnyínyú）*Neosalanx anderssoni*(Rendahl,1923)

别名：面条鱼、红脖。

同种异名：*Prostosalanx anderssoni* (Rendahl, 1923)。

形态特征：背鳍 15 ~ 19；臀鳍 27 ~ 32；胸鳍 27 ~ 34。

头尖，平扁。吻短而圆钝。两性异形。体无鳞，雄性生殖期臀鳍基上方具 1 行鳞，24 ~ 28 枚。腹部呈粉红色，称红脖。无侧线。背鳍 1 个，位于体后部。脂鳍很小，位于臀鳍后部鳍条上方。雌鱼臀鳍起点紧位于背鳍最后鳍条之下，雄鱼臀鳍起点对应背鳍最后 3 ~ 4 根鳍条。尾鳍叉形。体乳白色，生活时半透明。体侧分散小黑色斑点。

地理分布：辽东湾、鸭绿江流域、渤海、黄海沿岸至长江口。朝鲜半岛也有分布。

生态习性：为近海冷温性小型鱼类。栖息于河口及近岸沿海。主要摄食桡足类等浮游动物。每年3月初，流冰期刚结束，南堡、大清河、滦河口一带近海会出现大量的生殖鱼群，当地渔民破冰出海，即所谓的"抢冷海"。产卵期3月初至4月中旬。沉性卵。产完卵的个体消瘦，逐渐死亡。幼鱼分散索饵，冬季去较深水域越冬。

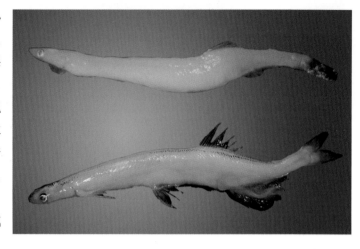

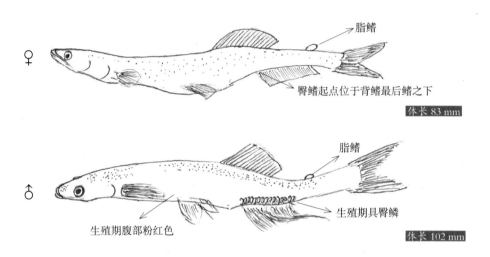

图15　安氏新银鱼 *Neosalanx anderssoni*

资源现状：20世纪六七十年代以前是近海渔业的支柱产业。由于过度捕捞、水质污染及环境的变化，资源呈逐年衰退的趋势。目前还有一定的产量，为主要种。

经济意义：可食用，为重要的经济鱼类。

16. 中国大银鱼 (Zhōngguódàyínyú) *Protosalanx chinensis* (Basilewsky, 1855)

别名：大银鱼、银鱼、面条鱼。

同种异名：*Protosalanx hyalocranius* (Abott, 1901)。

形态特征：背鳍Ⅱ，15～17；臀鳍Ⅲ，29～31；胸鳍25～26；腹鳍7；尾鳍19～20（分枝）。

体狭长，前部长而扁平，体后部侧扁。吻尖，呈扁三角形。眼中侧位。眼间隔宽平。口中大。下颌稍长于上颌。体无鳞，仅雄鱼臀鳍基上具1行软质鳞。无侧线。脂鳍很小，位于臀鳍后上方。臀鳍起点紧位于背鳍末端后下方。胸鳍具发达的肌肉基。尾鳍叉形。体乳白色，生活时略透明。体侧上方和头部密布小黑点。各鳍灰白色，边缘灰黑色。

地理分布：渤海、黄海、东海沿海及华北、华中、华东等地河、湖、水库中。朝鲜半岛也有分布。

生态习性：为冷温性江海溯河洄游性小型鱼类。在江河、河口近海即淡水、咸淡水及海水中都有分布。以枝角类、桡足类和小型鱼虾为食。产卵期 2—3 月上旬。沉性卵。产卵后个体死亡。

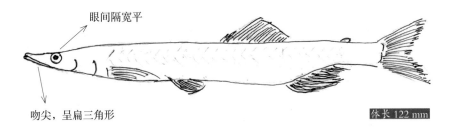

眼间隔宽平

吻尖，呈扁三角形

体长 122 mm

图 16　中国大银鱼 *Protosalanx chinensis*

资源现状：在渤海西部海域的河口及近海咸淡水交汇区有零星分布，秋季的渔获物中偶尔见到。

经济意义：该鱼适应性强，是增殖、移殖的重要种类，在淡水水域已形成一定规模的产量。为重要的食用经济鱼类。

六、仙女鱼目 Aulopiformes

（十）狗母鱼科 Synodontidae

17. 长蛇鲻　(Chángshézī) *Saurida elongata* (Temminck & Schlegel, 1846)

别名：长体蛇鲻、河梭、香梭、沙梭。

同种异名：*Aulopus elongatus* (Temminck & Schlegel, 1846); *Saurida elongatus* (Temminck & Schlegel, 1846)。

形态特征：背鳍 11 ~ 12；臀鳍 10 ~ 11；胸鳍 14 ~ 15；腹鳍 9；尾鳍 19。

体延长，前部亚圆筒形，后部稍侧扁。头中大。吻尖，吻长明显大于眼径。口大，上颌骨末端延伸至眼的远后下方。上、下颌

等长。体被小圆鳞，头背无鳞，头侧颊部与鳃盖上被鳞。侧线发达，平直，在侧线上的鳞片突出，

在尾柄部更明显。背鳍位于腹鳍的后上方；脂鳍小，位于臀鳍基后半部的上方。尾鳍叉形。体背部棕灰色，腹部白色。胸鳍、背鳍、尾鳍为浅灰色，后缘黑色；腹鳍及臀鳍白色。

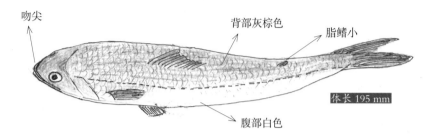

图 17　长蛇鲻 *Saurida elongata*

地理分布：中国沿海。日本、朝鲜半岛也有分布。

生态习性：为暖温性近海底层鱼类。常栖息于泥或泥沙底质海区。性凶猛，游泳迅速，以小型鱼类和幼鱼为食。5—6 月出现在渤海西部海域，产卵期 6—9 月。浮性卵。10 月以后离开该海域游向深水区越冬。

资源现状：底拖网能兼捕到，但数量少。为常见种。

经济意义：肉味鲜美、细嫩，可供食用。

七、鳕形目 Gadiformes

（十一）鳕科 Gadidae

18. 大头鳕　(Dàtóuxuě) *Gadus macrocephalus* (Tilesius, 1810)

别名：鳕头、太平洋鳕、明太鱼。

同种异名：*Gadus pygmaeus* (Pallas, 1814)。

形态特征：背鳍 12～14，16～19，18～20；臀鳍 19～22，18～20；胸鳍 18～19；腹鳍 II-4；尾鳍 41～44。

体长形，稍侧扁，尾部向后渐细。尾柄细且侧扁。眼中等大，侧上位。口大微斜，下颌比上颌略短。上、下颌外行齿较大。下颌有颏须 1 条。头和体被长椭圆形小圆鳞。侧线 1 条，完全。背鳍 3 个，明显分离，均由鳍条组成；臀鳍 2 个，第一、第二臀鳍分别与第二、第三背鳍相对。胸鳍侧中位。腹鳍喉位，左右鳍条相距远，第二鳍条突出，略呈丝状。尾鳍后端浅凹形。体背侧淡灰黑色，散布许多棕黑色或暗褐色斑点，腹部灰白色。各鳍蓝褐色，腹鳍和臀鳍色较淡。

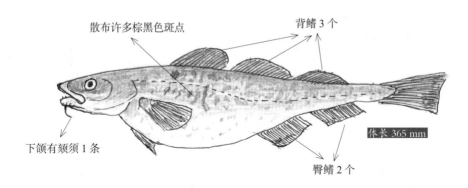

散布许多棕黑色斑点

背鳍 3 个

下颌有颏须 1 条

臀鳍 2 个

体长 365 mm

图 18　大头鳕 *Gadus macrocephalus*

地理分布：渤海、黄海。白令海峡、朝鲜半岛、日本和美洲西海岸也有分布。

生态习性：为冷温性底层鱼类。鱼群分布与冷水团的位置密切相关。主要捕食底栖动物及底层游泳生物。夏秋季栖息于黄海冷水区，冬季 12 月至翌年 2 月少量生殖个体进入渤海进行产卵洄游。产卵后分散索饵。产卵期为 1—3 月上旬。沉性卵。

资源现状：秦皇岛外海有少量分布，此次捕获的为即将产卵的鳕鱼。为偶见种。

经济意义：肉质鲜美，经济价值高。

八、鮟鱇目 Lophiiformes

（十二）鮟鱇科 Lophiidae

19. 黄鮟鱇　(Huángànkāng) *Lophius litulon* (Jordan, 1902)

别名：老头鱼、蛤蟆鱼、大嘴鱼。

同种异名：—

形态特征：背鳍 VI，9 ～ 10；臀鳍 8 ～ 11；胸鳍 22 ～ 23；腹鳍 5；尾鳍 8。

体前端平扁呈圆盘状，后端细尖呈柱形。头大。吻宽而平扁。眼较小，位于头背方。眼间隔很宽，稍凸。鼻孔突出。口宽大，下颌较长。上、下颌，犁骨，腭骨及舌上均有尖形齿。头背侧缘与眼后缘、头顶部、吻前端两侧、口角后方及鳃盖部

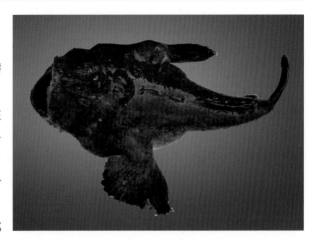

均有少数骨质棘突。体无鳞。头、体上方、两颌周缘均有很多大小不等的皮质突起。有侧线。背鳍2个；第一背鳍具6鳍棘，相互分离，前3鳍棘细长，后3鳍棘细短；第二背鳍和臀鳍位于尾部。胸鳍很宽，圆形，2块辐状骨在鳍基形成臂状。腹鳍短小，喉位。尾鳍近截形。体背面紫褐色，有许多小的白点，鳍均为黑色。体下方白色，口腔淡白色。

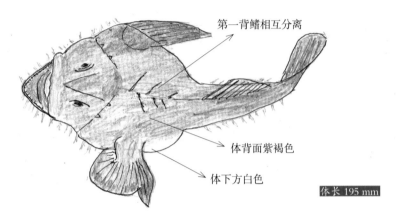

第一背鳍相互分离

体背面紫褐色

体下方白色

体长 195 mm

图 19 黄鮟鱇 *Lophius litulon*

地理分布：渤海、黄海、东海和台湾。朝鲜半岛和日本也有分布。

生态习性：为近海暖温性底层鱼类。行动迟缓，常匍匐于海底，通常以吻、触手及饵球引诱猎物。能摄取约与体重相等的鱼和虾类。5月出现在渤海西部海域，产卵期为5月下旬至7月。黏着浮性卵。当年幼鱼体长可达190 mm。12月离开近海到深水区越冬。

资源现状：有一定产量，为主要种。

经济意义：肉味美，可食用，利用率低，经济价值不大。

九、鲻形目 Mugiliformes

（十三）鲻科 Mugilidae

20. 梭鱼　(Suōyú) *Chelon haematocheilus* (Temminck & Schlegel,1845)

别名：龟鲅、鲅、赤眼鳟、红眼、肉棍子。

同种异名：*Liza soiuy* (Basilewsky, 1855); *Mugil soiuy* (Basilewsky, 1855); *Liza haematocheila* (Temminck & Schlegel, 1845)。

形态特征：背鳍Ⅳ，Ⅰ-8；臀鳍Ⅲ-9；胸鳍18；腹鳍Ⅰ-5；尾鳍14。

体延长，前部亚圆筒形，后部侧扁；背缘较平直，腹缘圆弧形。头宽短，稍平扁，头宽大于头高。眼较小，前侧位，微带红色。脂眼睑不发达。眼间隔平坦。口小，下位，人字形。头部被圆鳞。第二背鳍、臀鳍、腹鳍和尾鳍均被小圆鳞。无侧线。背鳍2个，分离；第一背鳍具4鳍棘，起点距吻端较距尾鳍基近；第二背鳍与臀鳍相对，同形。胸鳍侧上位。腹鳍位于胸鳍基底下方。尾鳍分叉。头、体背面青灰色，两侧浅灰色，腹部银白色，体侧上方有黑色纵纹数条。各鳍浅灰色，边缘色较深。

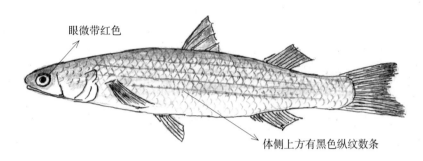

眼微带红色

体侧上方有黑色纵纹数条

体长 178 mm

图 20　梭鱼 *Chelon haematocheilus*

地理分布：中国沿海。日本、朝鲜半岛均有分布。

生态习性：为近岸暖水性鱼类。栖息在浅海或河口咸淡水交汇处，亦可进入淡水，性活泼善跳跃，有逆流习性。底栖刮食性。幼鱼以浮游动物为食，成鱼主要食物有小型底栖生物、线虫、多毛类、小型甲壳类，浮游生物的硅藻、蓝藻、鞭毛藻及微型藻，有机颗粒及碎屑。梭鱼无长距离洄游，只做短距离迁移。每年 3 月中旬从较深水域即越冬区游向近岸索饵育肥，为"冷口梭鱼"。也是早春的主要捕捞鱼类。产卵期在 5 月初至 6 月下旬。浮性卵。当年幼鱼体长可达 110 ～ 120 mm。12 月移出近岸在深水区越冬。

资源现状：地方性水产资源。近年来在渤海湾西部的黄骅沿海开展了增殖放流，效果明显，其沿海梭鱼资源有所增加，在黄骅每年都有春汛和秋汛，有一定产量，是经济鱼类的优势种。

经济意义：肉质鲜美，经济价值高，是沿海人工养殖对象之一。

21. 鲻 (Zī) *Mugil cephalus* (Linnaeus, 1758)

别名：头鲻、白眼、乌头。

同种异名：*Mugil oeur* (Forsskål, 1775)。

形态特征：背鳍Ⅳ，Ⅰ-8；臀鳍Ⅲ，8；胸鳍 16 ～ 17；腹鳍Ⅰ-5；尾鳍 14。

体长粗壮，前部近圆筒形，后部侧扁。头短，侧扁，两侧略隆起。吻宽短，等于或稍大于眼径。眼中大，前侧位。脂眼睑发达。眼间距宽阔平坦。口下位。上颌骨被眶前骨完全遮盖。上唇发达，中央具 1 缺刻，下唇薄，中央具 1 突起，略作人字形。体被弱栉鳞，鳞大，头部被圆鳞，第二背鳍、臀鳍、腹鳍、尾鳍均被小圆鳞。背鳍 2 个，第二背鳍起点位于臀鳍第一鳍条基部上方。胸鳍上

侧位。腹鳍腹位。尾鳍分叉。头和身体背面青黑色，腹面银白色。体侧有 6 条或 7 条暗色纵带。除腹鳍为暗黄色外，各鳍浅灰色，有黑色小点。胸鳍基部上方有 1 暗色斑块。

图 21 鲻 *Mugil cephalus*

地理分布：中国沿海。世界各地几乎都有分布。

生态习性：暖水性中上层洄游性鱼类。喜跳跃。以浮游生物、小型底栖生物、有机碎屑为食。5—6 月出现在渤海西部近海，在渤海只是索饵洄游，9 月下旬离开渤海到黄海南部海域越冬。

资源现状：为兼捕对象，产量不多。为常见种。

经济意义：为食用经济鱼类。

十、银汉鱼目 Atheriniformes

（十四）银汉鱼科 Atherinidae

22. 凡氏下银汉鱼 (Fánshìxiàyínhànyú) *Hypoatherina valenciennei* (Bleeker, 1854)

别名：白氏银汉鱼、布氏银汉鱼、银汉鱼。

同种异名：*Allanetta bleekeri* (Günther, 1861); *Hypoatherina bleekeri* (Günther, 1861); *Allanetta valenciennei* (Bleeker, 1854)。

形态特征：背鳍 V，I - 7 ~ 11；臀鳍 I - 11 ~ 13；胸鳍 14 ~ 15；腹鳍 I - 5；尾鳍 18。

体长形，侧扁。背缘圆凸，腹缘较狭。头短而尖，背面宽平。吻短钝。眼大，侧上位，眼上缘微凸出到头的背缘。口小而斜，上、下颌约等长。上颌骨后伸达眼前缘下方。体被大圆鳞，头部无鳞。无侧线。背鳍 2 个，分离；第一背鳍具 5 细弱鳍棘；第二背鳍鳍条短弱，前部鳍条较长。臀鳍大于第二背鳍。胸鳍上侧位，尖形。腹鳍位于胸鳍后下方。尾鳍分叉。体银白色，体侧具1宽的银灰色纵带。带  上方鱼鳞后缘有黑色小点。吻端及眼缘呈黑色。

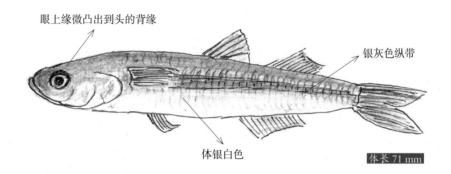

图22 凡氏下银汉鱼 *Hypoatherina valenciennei*

地理分布：中国沿海。印度－西太平洋海域。

生态习性：为近海暖温性小型鱼类。常栖息于浅海内湾的中上层水域。喜集结成小群，具趋光性。摄食桡足类、糠虾、介形虫、轮虫等。产卵期5—6月。黏着沉性卵，7月能采到仔稚鱼。

资源现状：渤海西部海域分布数量少，为偶见种。

经济意义：可食用。

十一、颌针鱼目 Beloniformes

（十五）飞鱼科 Exocoetidae

23. 燕鳐须唇飞鱼 (Yànyáoxūchúnfēiyú) *Cheilopogon agoo* (Temminck & Schlegel, 1846)

别名：燕鳐鱼、阿戈燕鳐、真燕鳐、阿氏须唇飞鱼、飞鱼、燕鱼。

同种异名：*Cypselurus agoo* (Temminck & Schlegel, 1846); *Prognichthys agoo* (Temminck & Schlegel, 1846); *Exocoetus agoo* (Temminck & Schlegel, 1846)。

形态特征：背鳍10～12；臀鳍9～11；胸鳍16～18；腹鳍6。

体延长，略侧扁；背缘和腹缘微凸出，至尾部逐渐变细。头短，背部平坦，两侧向内下方

倾斜，腹部甚狭。吻短。眼大，上侧位，眼间隔宽阔。口小，前位。上下颌约等长。体被圆鳞，大而薄，易脱落。除吻端外全体被鳞。侧线明显，下侧位，后端不达尾鳍基部。

背鳍高大，无棘，位于体后部。臀鳍起点在背鳍第二至第四鳍条基底下方。胸鳍特别强大，向后伸达背鳍基部后方。腹鳍长，末端达臀鳍基底。尾鳍发达，深分叉，下叶较长。体背侧蓝黑色，腹部银白色。各鳍浅黑色。

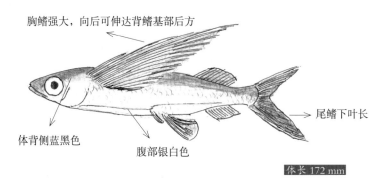

图 23 燕鳐须唇飞鱼 *Cheilopogon agoo*

地理分布：渤海、黄海、东海。

生态习性：为近海暖温性上层鱼类。生活于近海或浅海表层。受惊吓时会利用其特化胸鳍跃出水面，作长距离滑翔。主要以桡足类及端足类等浮游生物为食。每年春季当表层水温达到17℃时由外海向近岸进行生殖洄游，产卵场位于水清流缓有海藻丛生的沿海海域，产卵期6—8月。卵表面有丝状物附着在海藻上。

资源现状：6—8月，河北东部近海有少量分布。

经济意义：可食用，肉质一般。

（十六）鱵科 Hemiramphidae

24. 间下鱵鱼 (Jiānxiàzhēnyú) *Hyporhamphus intermedius* (Cantor, 1842)

别名：间鱵、针鱼、尖嘴鱼。

同种异名：*Hemirhamphus intermedius* (Cantor, 1842)。

形态特征：背鳍 14～17；臀鳍 16～19；胸鳍 11～12；腹鳍 1～5。

体延长，侧扁，扁柱形。横断面近正方形，背、腹缘平直；尾部颇侧扁。头中大，前方尖突，顶部及颊部平坦。吻较短。眼大，圆形，上侧位，距上颌尖端小于到鳃盖后缘的距离。鼻孔大，每侧 1 个。口小，平直。上颌短小，其顶部呈三角形，长大于宽。下颌延长呈喙状。上、下颌相对部具多行细长牙，大多为三峰，排列呈带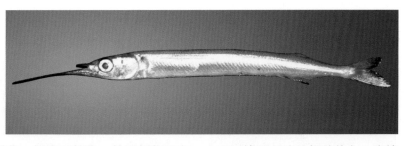

状。体被较大圆鳞，易脱落。侧线下侧位，始于颊部后方，止于尾鳍基下叶基部稍前方；胸鳍下方具 1 分枝。背鳍位于背部后远方，边缘稍内凹。臀鳍与背鳍同形，几乎相对，臀鳍起点位于背鳍第一至第三鳍条下方，边缘内凹。胸鳍较短。腹鳍短小。尾鳍浅叉形，下叶长于上叶。体背侧灰绿色，体侧下方及腹面白色，体侧自胸鳍基有 1 较窄银灰色纵带。项部、头背部、喙部、吻端边缘、尾鳍边缘为黑色，其余各鳍淡色。

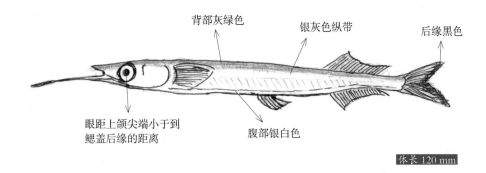

图 24　间下鱵鱼 *Hyporhamphus intermedius*

地理分布：河北、辽宁和山东沿海。

生态习性：为暖温性上层小型鱼类。栖息于沿岸港口、河口浅水区。以水层中的浮游动物为食。3 月中旬在南堡架子网的渔获物中能捡出该鱼，但所占比例不大。

资源现状：分布在沿岸浅水区，站位调查很难捕获，据沿岸渔民反映，没有专捕网具捕捞，资源量也不大，没有产量。为常见种。

经济意义：可食用。个体小，有一定的经济价值。

25. 日本下鱵鱼　(Rìběnxiàzhēnyú) *Hyporhamphus sajori* (Temminck & Schlegel, 1846)

别名：沙氏下鱵、针鱼、单针鱼、颌针鱼、鱵。

同种异名：*Hemiramphus sajori* (Temminck & Schlegel, 1846)。

形态特征：背鳍 14 ～ 18；臀鳍 15 ～ 18；胸鳍 12 ～ 14；腹鳍 6；尾鳍 15。

体细长，略呈圆柱形。背缘与腹缘平直；尾部逐渐变细。头长，前端尖锐，顶部及两侧面平坦，其两侧向内下方倾斜，腹面较狭。口中等大。眼较大，距上颌尖端和鳃盖后缘等距，其上端达头的背缘。眼间隔宽而平坦。鼻孔大，位于眼的前下方。上颌尖锐，呈三角形的片状，

中央微有线状隆起。下颌延长呈一扁平针状喙。两颌牙细小，呈狭带状排列。体被圆鳞，易脱落；头顶、鳃盖及上颌均被鳞。侧线位低。背鳍1个，位于后体部。臀鳍与背鳍相对，同形。胸鳍宽短。腹鳍小，腹位。尾鳍分叉，下叶长于上叶。体背部青绿色，腹部银白色。体背部中央自头后起有1淡黑色线条。体侧各有1银灰色纵带，此带往后逐渐变宽。

眼距上颌尖端和鳃盖后缘等距

体侧有1银灰色纵带，往后逐渐变宽

体长 150 mm

图 25　日本下鱵鱼 *Hyporhamphus sajori*

地理分布：渤海、黄海和东海。日本、朝鲜半岛也有分布。

生态习性：为暖温性中上层洄游性鱼类。喜集群。游泳敏捷，常跃出水面逃避敌害。有时进入河口淡水中。性凶猛，捕食小鱼、小虾。5月下旬在渤海西部海域出现，产卵期5—7月。黏性卵，卵膜上有弹性的丝，用以缠绕在海藻上。当年幼鱼体长可达120 mm。10月离开该海域游向黄海南部海域越冬场。

资源现状：20世纪七八十年代，5—6月能形成渔汛，有专捕刺网捕捞，尚有一定产量。由于利用过度及环境的改变，现已形不成产量，只是在调查中有零星个体出现，为常见种。

经济意义：可供食用，有一定的经济价值。

（十七）颌针鱼科 Belonidae

26. 尖嘴柱颌针鱼 (Jiānzuǐzhùhézhēnyú) *Strongylura anastomella* (Valenciennes, 1846)

别名：扁颌针鱼、尖嘴圆尾鹤鱵、青条、双针鱼。

同种异名：*Ablennes anastomella* (Valenciennes, 1846); *Belone anastomella* (Valenciennes, 1846)。

形态特征：背鳍18～20；臀鳍21～23；胸鳍10～11；腹鳍6；尾鳍15。

体细长而侧扁，躯干部背、腹缘近平直，向后尾部渐细并显著侧扁。头尖长，吻部喙状突出。眼中等大，上侧位。口裂很长，前上颌骨和下颌骨喙状突出。上颌骨伸达眼的中部下方。下颌稍长于上颌。两颌具细小尖锐的牙带。体被细小圆鳞，易脱落，排列不规则；鳃盖不具鳞，

背鳍基底及臀鳍基底无鳞。侧线低位，近腹缘。背鳍1个，位于体背远后方，起点位于臀鳍第六

至第九鳍条基底上方，形状相似，边缘内凹。腹鳍后位。尾鳍浅凹，下叶略长于上叶。体背部蓝绿色，体下侧和腹部银白色。体背部中央具1较宽的暗绿色纵带，从后头部直达尾鳍前方，纵带两侧下方各具1暗绿色细带纹与其平行。头顶翠绿色，半透明。除腹鳍无色外，各鳍均为翠绿色。

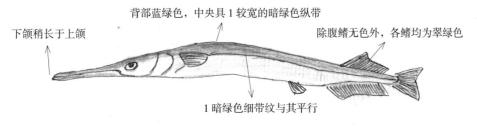

下颌稍长于上颌

背部蓝绿色，中央具1较宽的暗绿色纵带

除腹鳍无色外，各鳍均为翠绿色

1暗绿色细带纹与其平行

体长 420 mm

图 26　尖嘴柱颌针鱼 *Strongylura anastomella*

地理分布： 中国沿海。朝鲜、日本也有分布。

生态习性： 为暖温性中上层大、中型洄游性鱼类。性凶猛。以小鱼、小虾为食。5月出现在渤海西部海域，产卵期5—6月。沉性附着卵。9月底水温下降移出该海域，游回越冬场。

资源现状： 以前的常见种，现已为偶见种。

经济意义： 肉可食，但有酸味。近年来由于产量很少，成为重要的食用经济鱼类。

十二、刺鱼目 Gasterosteiformes

（十八）海龙科 Syngnathidae

27. 莫氏海马　（Mòshìhǎimǎ）*Hippocampus mohnikei*（Bleeker,1853）

别名： 日本海马、海马。

同种异名： *Hippocampus japonicus* (Kaup, 1853)。

形态特征： 背鳍 16～17；臀鳍 4；胸鳍 12～13。

体型很小，侧扁，腹部凸出；头与体轴成直角，头部冠状突起矮小，上有不突出的钝棘。躯干部七棱形，尾部四棱形而卷曲。吻管短，短于吻后头长。眼中大，位于两侧而且位置较高，眼间隔窄小，微凹。鼻孔很小，每侧2个，相距很近，紧位于眼前方。口小，前位，张开时略

呈半圆形。无齿。雄性尾部前方腹面具有育儿袋。体无鳞，为骨环所覆盖。无侧线。背鳍发达，位于躯体部最后3骨环和尾部第一骨环之间。臀鳍较小。胸鳍宽短，扇形。体黑色或暗褐色，头上吻部和体侧具有斑纹。

地理分布：中国沿海。日本、越南也有分布。

生态习性：为近海暖温性小型鱼类。栖息于近海及内湾的低潮线一带的海藻中。作直立游动，能用尾部卷曲握附在海藻上。以浮游动物为食，主要有桡足类、短尾类幼体、腹足类幼体和蔓足类幼体。雄性海马具育儿袋，雌性海马产卵于其中，由雄性海马负责孵化。一年能繁殖多次，产卵期5—9月。

资源现状：近年来由于围海及海洋工程使海藻分布面积越来越少，致使海马分布很少，近海定置网能偶尔捕到。为偶见种。

经济意义：为珍贵的中药材，有补肾壮阳、镇静安神、散结消肿的功效。可作为养殖品种。

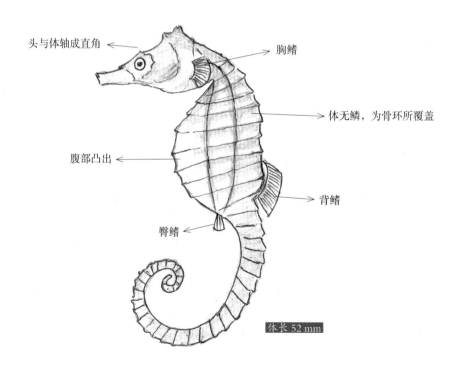

图 27　莫氏海马 *Hippocampus mohnikei*

28. 尖海龙　(Jiānhǎilóng) *Syngnathus acus* (Linnaeus,1758)

别名：钱串子、海龙。

同种异名：—

形态特征：背鳍 35 ~ 41；臀鳍 3 ~ 4；胸鳍 12 ~ 13；尾鳍 10。

体细长，鞭状，躯干部七棱形，尾部四棱形，腹部中央棱微凸出。头长而细尖。吻细长，管状，吻长大于眼后头长。眼较大，圆形，侧上位，眼眶不凸出。口小，前位。上下颌短小，稍能伸缩。雄性尾部前方腹面具有育儿袋。体无鳞，完全由骨质环所包围。躯干上侧棱与尾部上侧棱不相联接，躯干下侧棱与尾部下侧棱相联接。腹面中央棱终止于肛门前。背鳍较长；臀鳍较小；胸鳍较高，扇形，位低；尾鳍长，后缘圆形。体背部绿黄色，腹部淡黄色，体侧具多条不规则暗色横带。背鳍、臀鳍、胸鳍淡色，尾鳍黑褐色。

吻细长，管状，吻长大于眼后头长

体无鳞，完全由骨质环包围

口小，前位，上下颌短小，稍能伸缩

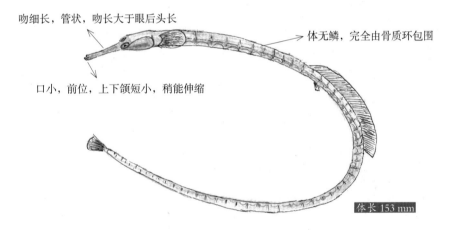

体长 153 mm

图 28　尖海龙 *Syngnathus acus*

地理分布：中国沿海。世界多地都有分布。

生态习性：为近海暖水性小型鱼类。常栖息于水质清澈、风平浪静的沿海和内湾的海藻上。游泳缓慢。以口吸食小型浮游甲壳动物。雄性尾部腹部具有 1 个由左右两片皮褶形成的孵卵囊。交配时，雌性产卵于囊内，受精孵化。产卵期 5—7 月。

资源现状：分布较广，在近海的底拖网中能兼捕到，但数量不多。为常见种。

经济意义：为重要的中药用鱼类，经济价值高。

十三、鲉形目 Scorpaeniformes

（十九）鲉科 Scorpaenidae

29. 铠平鲉 (Kǎipíngyóu) *Sebastes hubbsi* (Matsubara, 1937)

别名：铠鲸。

同种异名： *Sebastichthys hubbsi* (Matsubara, 1937)。

体态特征：背鳍 XIV ~ XV - 13 ~ 14；臀鳍 III - 6；胸鳍 16 ~ 17；腹鳍 I - 5；尾鳍 22 ~ 23。

体长椭圆形，稍侧扁。头略大，粗厚。口小，端位。眼中等大，侧高位。眼前棘1个，眼后棘1个，其后具1鼓棘，平顶棘1个，后颞棘上下各1个，肩胛棘1个。前鳃盖骨缘具5棘。鳃盖骨后上角有2棘。体被小型栉鳞，眼间、眼下方及胸腹部下侧鳞小。侧线斜直，前端较高。背鳍1个起于鳃孔背角的上方，鳍棘部于鳍条部连续，中间具1凹刻。臀鳍起点位于背鳍第二鳍条下方。胸鳍中大，不甚延长。腹鳍胸位。尾鳍圆形。体暗红色，具条纹和斑点。眼后盖骨上具1大黑斑，眼下方具2条辐射状条纹。体侧具5条褐色横纹。背鳍基部具白斑。

地理分布：渤海、黄海。日本、朝鲜半岛也有分布。

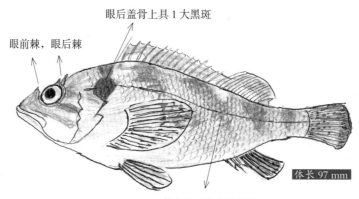

眼后盖骨上具1大黑斑

眼前棘，眼后棘

体长 97 mm

体侧具 5 条褐色横纹

图 29 铠平鲉 *Sebastes hubbsi*

生态习性: 为近海冷温性底层小型鱼类。栖息于近海岩礁和泥沙底质海域。属地方性鱼类,摄食甲壳动物、鱼类和其他无脊椎动物。卵胎生,胚胎在雌体内发育,产出仔鱼而会游泳。主要分布在东部北戴河至山海关近海岩礁区及人工鱼礁投放区。

资源现状: 近年来资源数量有增长,在秋末冬初的地笼网、刺网渔获中,占少量的份额。为常见种。

经济意义: 肉可食用,有一定的经济价值。

30. 许氏平鲉 (Xǔshìpíngyóu) *Sebastes schlegelii* (Hilgendorf,1880)

别名: 黑鲪、黑头、黑石鲈。

同种异名: *Sebastodes fuscescens* (Houttuyn, 1880); *Sebastes schlegeli* (Hilgendorf, 1880)。

形态特征: 背鳍XIII - 12;臀鳍III - 9;胸鳍18;腹鳍I - 5。

头及体呈长椭圆形,侧扁。头大,侧扁。眼大,凸出,上侧位。口大,斜裂。下颌较上颌长,外侧有3个小孔。上颌后端伸达眼后缘下方。眼眶前骨下缘有3棘,前鳃盖骨边缘具5棘,鳃盖骨后上角具2棘。上下颌和鳃盖骨无鳞,眼下方、胸鳍基部及体腹侧具圆鳞。体其余部位被栉鳞。侧线稍弯曲,与背部平行延伸。背鳍连续,鳍棘发达,鳍棘部与鳍条部有一缺刻。臀鳍位于背鳍鳍条的下方。胸鳍发达,后端伸达肛门。腹鳍胸位。尾鳍截形,后端稍微圆凸。体背部灰褐色,腹面灰白色,体侧具许多不规则的小黑斑。颊部具3条暗色斜纹。顶棱前后具2条横纹。上颌后部有1条黑色横纹。各鳍灰黑色。

地理分布: 渤海、黄海、东海。朝鲜半岛、日本及西太平洋中、北部海域也有分布。

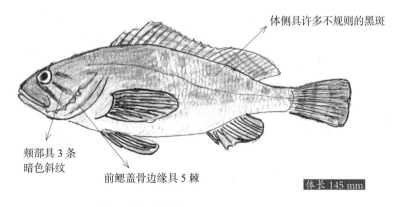

体侧具许多不规则的黑斑

颊部具3条暗色斜纹

前鳃盖骨边缘具5棘

体长 145 mm

图30 许氏平鲉 *Sebastes schlegelii*

生态习性：为冷温性近海底层鱼类。喜欢栖息于近岸岩礁地带、泥沙底质海底。属地方性鱼类，肉食性。食虾类、端足类、经氏壳蛞蝓等。产卵期4—5月上旬。卵胎生。当年幼鱼体长可达100 mm。

资源现状：近年来由于投放人工鱼礁以及人工放流，资源呈上升趋势，由过去的常见种上升为优势种，为东部海区的主要捕捞鱼类。

经济意义：为常见的食用经济鱼类。

（二十）毒鲉科 Synanceiidae

31. 日本鬼鲉 (Rìběnguǐyóu) *Inimicus japonicus* (Cuvier,1829)

别名：海蝎子、鬼虎鱼。

同种异名：*Inimicus japonica* (Cuvier, 1829); *Pelor japonicum* (Cuvier, 1829)。

体态特征：背鳍XVI～XVIII - 5～8；臀鳍II - 8～10；胸鳍9～10，II；腹鳍I - 5；尾鳍14～15。

体长形，前部粗大，后部稍侧扁。头中等大，很不规则。背面有深沟和突起。吻短圆形，平扁，背面圆凸，其后缘有1深凹沟。眼小，眼球上方高达头背缘。眼间隔宽，深凹。口中大，上位，口裂几垂直。下颌上包于上颌前方，前端具1向上骨突。上下颌具绒毛状牙。犁骨具牙，腭骨则无。鳃孔宽大，上端具卷孔。鳃盖膜分离，与颊部相连。眶前骨外侧具1棘；眶前骨具5个辐射状感觉管。前鳃盖骨具4～5棘；鳃盖骨具1棱，后端具1棘；下鳃盖骨和间鳃盖骨无棘。体光滑无鳞，具皮突。侧线上侧位，平直。背鳍连续，鳍棘有许多丝状突起，前方3棘分离，第三棘与第四棘间距较大。臀鳍基底略长而低，鳍棘短小。胸鳍宽大，下有2条游离鳍条。腹鳍大，鳍膜与体壁相连。尾鳍圆形。体深褐色或紫红色，变异很大。胸鳍内面有褐色斑点或条纹，或有黑色斑点或斑块。各鳍有白点或白线。

地理分布：中国沿海。日本和朝鲜半岛也有分布。

生态习性：为近海暖温性小型鱼类。主要栖息于沿岸或海岛附近泥沙或石砾底质的海域，具伪装能力，时常将身体埋藏以躲避敌害及捕食过往的小鱼和甲壳动物。产卵期5—6月。该鱼背鳍鳍棘有毒腺，为有毒鱼类。

资源现状：秦皇岛近海有少量分布，为偶见种。

经济意义：肉味鲜美。

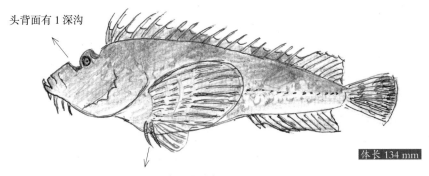

头背面有 1 深沟

体长 134 mm

胸鳍下方有 2 条游离鳍条

图 31　日本鬼鲉 *Inimicus japonicus*

（二十一）鲂鮄科 Triglidae

32. 绿鳍鱼　(Lǜqíyú) *Chelidonichthys kumu* (Cuvier, 1829)

别名： 绿翅鱼、莺莺鱼、鸡角。

同种异名： *Trigla kumu* (Cuvier, 1829); *Trigla peronii* (Cuvier, 1829)。

形态特征： 背鳍Ⅸ，Ⅰ-15；臀鳍15；胸鳍14；腹鳍Ⅰ～5；尾鳍21～24。

体较长，稍侧扁，前部粗壮，后部渐细。头中大，近棱形，头背面及侧面全被骨板。吻较长，前面中央微凹，左右吻突圆形，其上方有小棘。眼中大，上侧位，眼间隔较宽。口下端位。眼前上缘有 2 短棘，后上缘有 1 小棘。体被中小圆鳞，头部、胸部及腹部前方均无鳞。背鳍基每侧有 1 纵行楯板。背鳍 2 个；第一背鳍起点位于鳃盖骨上方。臀鳍与第二背鳍相对。胸鳍很长，延伸至第二背鳍中间鳍条基底下方，下部具 3 条指状延长鳍条。腹鳍胸位。尾鳍浅凹。背部红色，腹部白色，眼下缘至吻侧有条纵纹，鳃盖上角具一圆斑。胸鳍外侧为蓝灰色，内侧为青黑色，具许多淡蓝色圆斑。

地理分布： 中国沿海。日本、朝鲜半岛也有分布。

生态习性： 为近海暖温性、洄游性中下层鱼类。栖息于砂泥底质水域。胸鳍呈翅状，可在水中翔游，下部指状鳍条用以在海底匍匐和掘土觅食，捕食虾类、软体动物和小鱼。5 月出现在渤海西部海域，产卵期 5—7 月。浮性卵。12 月离开近海，游向黄海中部海域越冬。

资源现状： 主要分布在北戴河至山海关近海。数量不多，为较常见种。

经济意义： 可食用，肉味鲜美。

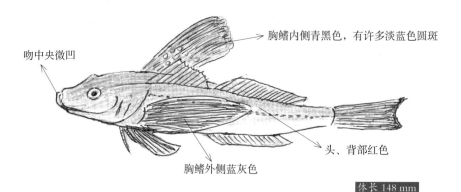

吻中央微凹

胸鳍内侧青黑色，有许多淡蓝色圆斑

头、背部红色

胸鳍外侧蓝灰色

体长 148 mm

图 32　绿鳍鱼 *Chelidonichthys kumu*

33. 小鳍红娘鱼　(Xiǎoqíhóngniangyú) *Lepidotrigla microptera* (Günther, 1873)

别名： 短鳍红娘鱼、红娘鱼、红头鱼。

同种异名： —

形态特征： 背鳍Ⅷ～Ⅸ，Ⅰ-15～16；臀鳍15～17；胸鳍14；腹鳍Ⅰ-5；尾鳍22。

体中长，躯干前部粗大，向后渐细，稍侧扁。头中等大，背及两侧均为骨板。吻甚陡斜，前端凹入，两端圆凸，具几个小棘。眼中大，上侧位。眼间隔宽凹。眶上棱宽凸，眶前棘、眶上棘、眶后棘明显。体被中大栉鳞。头部具骨板，无鳞。胸部和颊部无鳞，背鳍基底具

棘楯板25个。侧线上侧位。背鳍2个，靠近；第一背鳍始于鳃孔上角后上方。臀鳍与第二背鳍相对。胸鳍长大，圆形，下侧位，下方具3条指状游离鳍条。腹鳍胸位。尾鳍后端微凹。体背侧红色，腹侧白色。鳍亦红色，在第一背鳍4～7鳍棘的鳍膜上方，具1淡黑色大斑。

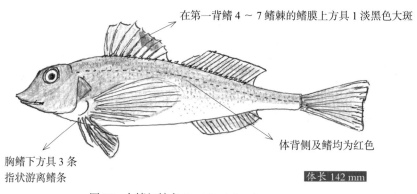

在第一背鳍4～7鳍棘的鳍膜上方具1淡黑色大斑

体背侧及鳍均为红色

胸鳍下方具3条
指状游离鳍条

体长 142 mm

图 33　小鳍红娘鱼 *Lepidotrigla microptera*

地理分布：渤海、黄海、东海。朝鲜半岛、日本沿海也有分布。

生态习性：为近海暖温性底层洄游鱼类。群栖于泥底质海区。可利用胸鳍指状鳍条匍匐于水底和掘土觅食，亦可利用宽大的胸鳍进行翔游。以鱼、虾、软体动物及其他无脊椎动物为食。6月出现在渤海西部海域，产卵期5—6月。浮性卵。9—10月离开，洄游到黄海中南部海域越冬。

资源现状：数量少，为偶见种。

经济意义：可食用。

（二十二）鲬科 Platycephalidae

34. 鲬 (Yǒng) *Platycephalus indicus*(Linnaeus,1758)

别名：拐子、牛尾鱼。

同种异名：*Callionymus indicus* (Linnaeus, 1758); *Cottus insidiator* (Forsskal, 1775); *Cottus madagascariensis* (Lacepède, 1801)。

形态特征：背鳍 X - 13；臀鳍 13；胸鳍 18 ~ 20；腹鳍 I - 5；尾鳍 20 ~ 22。

体长平扁，向后渐细尖。头大，平扁。眼小，圆形，上侧位，眼球高达头背缘。眼间隔稍宽平。口大，下颌长于上颌。上颌骨末端伸达瞳孔前缘下方。头背侧有很多低骨棱，有的棱后有低棘。前鳃盖骨后角，有 2 大尖棘，上棘伸向后上方，下棘伸向后方。体被小栉鳞。侧线斜直，上侧位。背鳍 2 个；第一背鳍起点位于鳃盖骨膜后上方，第一、第二鳍棘小，分离。臀鳍与第二背鳍相对。胸鳍短圆，低位。腹鳍大，长形，亚胸位。尾鳍截形。体背黄褐色，其上分布着黑褐色斑点，腹部为淡黄色。各鳍浅黄色；背鳍、胸鳍及腹鳍均有一些棕色的小斑点；尾鳍具有 3 ~ 4 条黑色横带，各黑带具白缘。

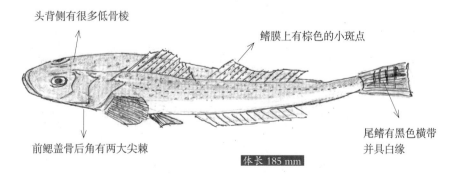

头背侧有很多低骨棱

鳍膜上有棕色的小斑点

前鳃盖骨后角有两大尖棘

尾鳍有黑色横带并具白缘

体长 185 mm

图 34 鲬 *Platycephalus indicus*

地理分布：中国沿海。印度－太平洋海域各国沿海都有分布。

生态习性：为暖水性近海底栖鱼类。栖息于沿岸至 50 m 水深泥沙底质海区。以底栖动物为食。利用体色拟态隐匿于泥沙海底，躲避天敌和捕食猎物。4 月出现在渤海西部海域，产卵期 5—6 月。浮性卵。当年幼鱼体长可达 120 ~ 160 mm。11 月离开洄游到黄海中南部海域越冬。

资源现状：在渤海西部近海有一定的数量，但产量不大。为主要种。

经济意义：肉质鲜美，具有较高的食用价值。

（二十三）六线鱼科 Hexagrammidae

35. 斑头六线鱼 (Bāntóuliùxiànyú) *Hexagrammos agrammus* (Temminck & Schlegel, 1843)

别名：斑头鱼、黄鱼、六线鱼。

同种异名：*Agrammus agrammus* (Temminck & Schlegel, 1843), *Labrax agrammus* (Temminck & Schlegel, 1843); *Agrammus schlegelii* (Günther, 1860)。

形态特征：背鳍ⅩⅧ-21；臀鳍20；胸鳍17；腹鳍Ⅰ-5；尾鳍24。

体长椭圆形，侧扁，背缘和腹缘浅弧形。头较小，稍尖突，无棘和棱。眼中等大，侧高位。在眼上缘具 1 羽状皮质瓣。头后每侧具有较小的羽状皮质瓣。口较小，端位。上颌骨伸达眼前缘下方。体被小栉鳞，颊部、鳃盖部、胸部、背鳍鳍条部、胸鳍外侧和尾鳍被圆鳞。侧线 1 条，与背缘平行，在尾柄为侧中位。背鳍连续，鳍棘和鳍条之间有 1 凹缺。臀鳍与背鳍鳍条部等长。胸鳍宽大，圆形。腹鳍亚胸位。尾鳍截形。体黑褐色，头部具暗色条纹和斑点，体侧及下方具 6 ~ 9 个不规则的棕黑色大斑。腹部淡白色。背鳍具灰黑色斑纹。胸鳍及尾鳍鳍条上有棕黑色小斑点。臀鳍有 7 条黑色斜斑纹。

眼上缘皮质瓣
头后部皮质瓣
7 条黑色斜斑纹
体侧具不规则云状斑纹
体长 128 mm

图 35　斑头六线鱼 *Hexagrammos agrammus*

地理分布： 渤海、黄海、东海。朝鲜半岛、日本也有分布。

生态习性： 为冷温性中下层鱼类。常栖息于岩礁周围。捕食小型鱼类和无脊椎动物。

资源现状： 在冬初的山海关近海，底拖网、地笼网偶尔捕到该鱼种。为偶见种。

经济意义： 为食用鱼类。

36. 大泷六线鱼 (Dàlóngliùxiànyú) *Hexagrammos otakii* (Jordan & Starks,1895)

别名： 欧氏六线鱼、黄鱼、六线鱼。

同种异名： *Hexagrammos aburaco* (Jordan & Starks, 1903); *Hexagrammos pingi* (Wu & Wang, 1931)。

形态特征： 背鳍XIX～XX-22～23；臀鳍21～23；胸鳍18；腹鳍 I-5；尾鳍12～13。

体中长，侧扁。口中大，端位，上颌稍突出，后端伸达眼前缘下方。眼较小，圆形，上侧位，眶下骨具弱棱。体躯干部被小栉鳞，头部被小圆鳞。侧线5条。背鳍延长不分离，中间有1浅凹缺。鳍棘细弱，各鳍棘几近等长。臀鳍与背鳍鳍条部约等长。胸鳍宽圆，具分枝鳍条和不分枝鳍条。腹鳍亚胸位。胸鳍和腹鳍鳍条粗厚。尾鳍截形稍凹入。体黄褐色，背侧较暗，约有

9个暗褐色的斑块，体侧具不规则的云状斑点。腹侧灰白色。背鳍鳍棘部和鳍条部的浅凹处有1黑斑。臀鳍灰褐色，末端黄色；胸鳍、腹鳍、尾鳍具灰褐色斑纹。

鳍棘部和鳍条部的浅凹处有1黑斑

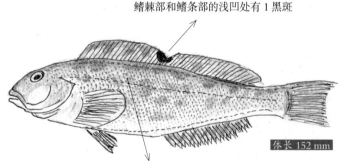

体长 152 mm

体黄褐色，背部较暗，约有9个暗褐色的斑块

图36 大泷六线鱼 *Hexagrammos otakii*

地理分布： 渤海、黄海、东海。朝鲜半岛、日本也有分布。

生态习性： 为冷温性近海底层鱼类。栖息于岩礁及海底建筑物附近。以底栖鱼类、虾类及软体动物为食。产卵期11—12月。黏着沉性卵。当年幼鱼体长可达90～100 mm。

资源现状：该鱼资源数量历来不大，但由于终年栖息于岩礁附近和集群性差的生态特点，避免了拖网的集中捕捞，其资源量相对稳定。近年来投放人工鱼礁，其资源量呈上升趋势。为主要种。

经济意义：为食用经济鱼类。

（二十四）杜父鱼科 Cottidae

37. 松江鲈 (Sōngjiānglú) *Trachidermus fasciatus* (Heckel,1837)

别名：媳妇鱼。

同种异名：—

形态特征：背鳍Ⅷ，19～20；臀鳍17～18；胸鳍17～18；腹鳍1～4；尾鳍18～21。

头及体前端平扁，向后逐渐变细而侧扁。头宽大，平扁，棘和棱均为皮所盖。吻宽大，圆钝，吻长为眼径2倍。眼小，上侧位，眼球凸出于头背缘。眼间隔宽，凹入。口中大，下端位，口裂低斜。上颌骨露出，后端圆钝，伸达瞳孔后缘下方。

前鳃盖骨4棘，上棘最大，棘端钩状上弯；鳃盖骨具1低棱。体无鳞，皮上有很多小突起。侧线略上侧部，近平直。背鳍连续，鳍棘部和鳍条部间具1较深的凹缺。胸鳍宽大，圆形，下侧位。尾鳍截形微凸。体褐黄色，头和体侧具暗色斑纹和斑点。吻侧、眼下、眼间隔和头侧具褐色条纹。体侧背鳍第二至第四鳍棘下方具1条暗色条纹，伸达鳃孔，背鳍第五至第九鳍条下方和最后鳍条下方及尾鳍基底各具2条横纹。背鳍鳍条部、臀鳍、胸鳍和尾鳍具多条点列横纹。臀鳍橘红色。腹鳍白色，无斑纹。

体侧背鳍第二至第四鳍棘下方具1条暗色条纹伸达鳃孔

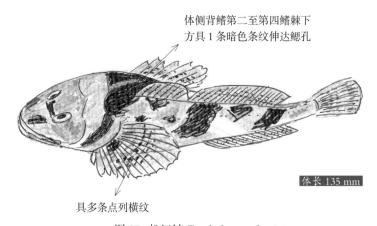

体长135 mm

具多条点列横纹

图37 松江鲈 *Trachidermus fasciatus*

地理分布: 渤海、黄海、东海。朝鲜半岛、日本沿海也有分布。

生态习性: 为冷温性淡水洄游鱼类。幼鱼以浮游动物为食,成鱼以小鱼和虾类为食。1龄鱼体长125 mm,即达性成熟,11月降河洄游到海区越冬。生殖期3—4月,卵黏性,块状,附着在贝壳上。孵出仔鱼后直到幼鱼,即于5—6月上溯到江河育肥。到11月又降河洄游到海里,翌年游到沿岸浅海产卵。

资源现状: 在初冬和早春的河北东部近海能捕到少量的松江鲈。为常见种。

经济意义: 为名贵的食用鱼类。

(二十五)狮子鱼科 Liparidae

38. 黑斑狮子鱼 (Hēibānshīzǐyú) *Liparis choanus* (Wu & Wang, 1933)

别名: 赵氏狮子鱼、先生鱼、海鲇鱼。

同种异名: 一

形态特征: 背鳍35～37;臀鳍30～31;胸鳍36;腹鳍6。

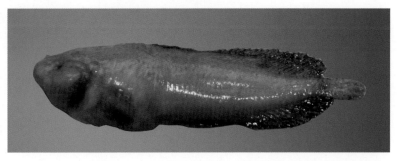

体长形,头及体前端稍平扁,向后渐细,渐侧扁。头背面圆凸。吻钝圆。眼小,侧上位,眼间隔宽凸。口前低位,呈圆弧状。上颌较下颌微长。皮肤光滑松软,无鳞,无小刺。无侧线。背鳍1个,很长,起点位于肛门的前上方,后端以鳍膜与尾鳍相连。臀鳍较背鳍短,后端也以鳍膜与尾鳍基相连。胸鳍圆形,在鳍的前下缘有1凹刻。二腹鳍愈合成圆盘状吸盘;吸盘周缘有游离膜,中央微凹,6枚鳍条呈圆块状突起。尾鳍似长方形,后端宽圆。体背侧肉灰色,在背鳍第五至第六鳍条的两侧,各有1个较眼略小的黑褐色圆斑,斑的前后有数个较小的圆斑。腹侧淡白色。背鳍及臀鳍褐色,胸鳍浅红色,尾鳍有黑褐色横纹。

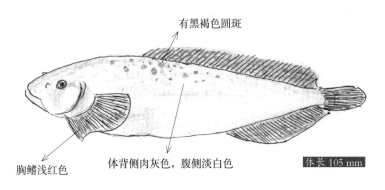

有黑褐色圆斑

胸鳍浅红色

体背侧肉灰色,腹侧淡白色

体长105 mm

图38 黑斑狮子鱼 *Liparis choanus*

地理分布：渤海、黄海。

生态习性：近海冷温性中小型鱼类。栖息于砂泥底质近海。以小鱼虾及其他无脊椎动物为食。产卵期 12 月至翌年 2 月，黏着沉性卵。5 月幼鱼体长 28～30 mm。

资源现状：河北东、中部近海有少量分布。为偶见种。

经济意义：可食用，经济价值不高。

39. 斑纹狮子鱼 （Bānwénshīzǐyú）*Liparis maculatus* (Krasyukova,1984)

别名：海鲇鱼。

同种异名：—

形态特征：背鳍 41～43；臀鳍 31～35；胸鳍 42～46；腹鳍 6；尾鳍 10。

体延长，前部宽大，后部渐侧扁狭小；尾柄短。头宽大。吻宽，圆钝。眼小，侧上位。眼间隔宽凸。口宽大，端位，浅弧形。上颌较下颌稍突出。上颌骨不外露，末端伸达眼前缘

下方。体无鳞，皮肤松软，密具细小易脱落的皮刺。侧线退化。背鳍 1 个，连续无缺刻，起点位于鳃孔稍后上方，后部鳍条较高。臀鳍起点位于背鳍第八至第九鳍条下方。背鳍和臀鳍膜均与尾鳍中部相连。胸鳍宽大，圆形，无缺刻，鳍基向前延伸达眼前下方。腹鳍胸位，连成 1 圆形吸盘，周缘皮膜游离，具 13～15 个圆形肉突。尾鳍短小，后缘截形。体红褐色，头部和体上侧具 10 条黑褐色横斑。幼鱼时横斑清晰，成鱼横斑模糊或呈不规则斑块。臀鳍外侧鳍膜黑色；胸鳍里侧微红，外侧鳍膜黑色；各鳍末端白色。

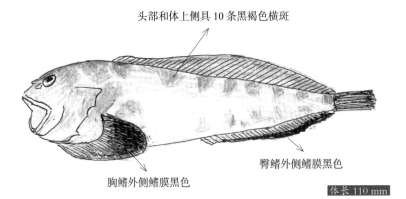

头部和体上侧具 10 条黑褐色横斑

臀鳍外侧鳍膜黑色

胸鳍外侧鳍膜黑色

体长 110 mm

图 39　斑纹狮子鱼 *Liparis maculatus*

地理分布：渤海、黄海。西太平洋海域。

生态习性：为近海冷温性中小型鱼类，栖息于近海岩礁周围或泥沙底质近岸水域。靠腹鳍

愈合的吸盘吸附于岩石，防止被水流冲走。以虾类和其他无脊椎动物为食，产黏着沉性卵。

资源现状： 秦皇岛近海有少量分布，为偶见种。

经济意义： 可食用，经济价值不高。

40. 细纹狮子鱼 (Xìwénshīzǐyú) *Liparis tanakae* (Gilbert & Burke,1912)

别名： 田中狮子鱼、先生鱼、海鲇鱼。

同种异名： *Cyclogaster tanakae* (Gilbert & Burke, 1912)。

形态特征： 背鳍 42 ～ 43；臀鳍 33 ～ 36；胸鳍 42 ～ 47；腹鳍 6；尾鳍 10 ～ 11。

体长形，头及体前部稍平扁，后部渐侧扁。头宽大，稍平扁。吻宽短，圆钝。眼小，圆形，上侧位，眼间隔宽凸。口宽大，低位，上颌稍长。体无鳞，皮松软，幼鱼光滑，成鱼具沙粒状小刺，每1小刺均有1图钉形基板。侧线退化，仅于鳃孔上方具2～11个小孔。背鳍1个，很长，连续无缺刻，起点位于鳃盖膜后上方。臀鳍起点位于背鳍第九至第十鳍条下方。背鳍和臀鳍鳍膜均与尾鳍中部相连。胸鳍宽大，鳍基伸达眼前下方。腹鳍胸位，连成1圆形吸盘，紧位于胸鳍下基缘的后方，鳍条特化为肉突状，每侧各6个，周缘皮膜游离。尾鳍截形。体红褐色，腹部色淡。头、体具许多黑褐色纵纹，随着个体生长，体后上方的纵纹模糊而呈不规则的黑色斑。背鳍、臀鳍及尾鳍大部为灰黑色。

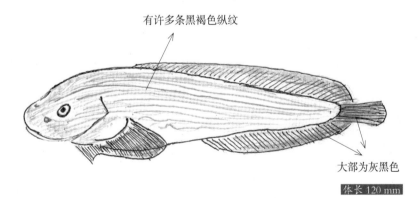

图 40 细纹狮子鱼 *Liparis tanakae*

地理分布： 渤海、黄海、东海。朝鲜半岛、日本也有分布。

生态习性： 为近海冷温性中小型底层鱼类。栖息于沙泥底质的近海，以鱼、虾和无脊椎动物为食。产卵期11月至翌年3月。黏着沉性卵。当年幼鱼体长可达100 mm。

资源现状： 分布于河北中、东部近海，数量不多。为常见种。

经济意义： 可食用，经济价值不高。

十四、鲈形目 Perciformes

（二十六）狼鲈科 Moronidae

41. 中国花鲈 (Zhōngguóhuālú) *Lateolabrax maculatus* (McClelland,1844)

别名： 鲈鱼、鲈板、鲈子鱼。

同种异名： *Lateolabrax japonicus* (Cuvier, 1828)。

形态特征： 背鳍Ⅻ－13；臀鳍Ⅲ－7 ～ 8；胸鳍 16 ～ 18；腹鳍 I－5；尾鳍 17。

体长侧扁，背部稍隆起。头中大。吻尖突，稍大于眼径。口端位，下颌突出于上颌，上颌骨后端伸达眼后缘下方。前鳃盖骨后缘有细锯齿，隅角处有 1 枚强棘，下缘有 3 枚棘突，主鳃盖骨有  2 棘，鳃盖骨后缘具 1 扁棘。体被小栉鳞，不易脱落。吻端和两颊无鳞。侧线鳞 70 ～ 78 枚。背鳍连续，鳍条与鳍棘部之间有深缺刻，背鳍、臀鳍及腹鳍发达。胸鳍较小，亚圆形。腹鳍起点位于胸鳍基底稍后处。尾鳍浅叉形。体背部灰青色，下部灰白色。体侧及背鳍鳍基部散有若干黑色斑点，此斑常随年龄增大而减少。背鳍及尾鳍边缘黑色。

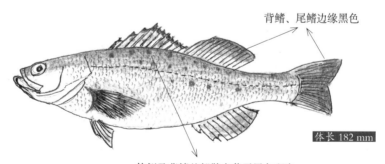

背鳍、尾鳍边缘黑色

体长 182 mm

体侧及背鳍基部散有若干黑色斑点

图 41 中国花鲈 *Lateolabrax maculatus*

地理分布： 中国沿海及各大江河。朝鲜半岛、日本沿海也有分布。

生态习性： 为暖温性中下层鱼类。地方种群。性凶猛，能在淡水生活。主要摄食鱼类、甲壳类等。每年 3 月游向近岸及河口索饵，产卵期 8—11 月，盛期 9 月中旬至 10 月中旬。浮性卵。11 月产完卵后的成鱼及幼鱼到深水区越冬。翌年春天幼鱼成群进入河口、内湾及近岸。1 龄鱼体长可达 220 ～ 240 mm。

资源现状：近海渔业的主要捕捞对象之一，资源相对较稳定，但低龄鱼多，个体较小，产量不大。为主要种。

经济意义：肉质鲜美，是重要的经济鱼类，也是重要的人工养殖品种。

（二十七）天竺鲷科 Apogonidae

42. 细条天竺鲷 (Xìtiáotiānzhúdiāo) *Apogon lineatus* (Temminck & Schlegel,1842)

别名：九道痕、葫芦籽。

同种异名：*Apogonichthys lineatus* (Temminck & Schlegel, 1842)。

形态特征：背鳍Ⅶ，Ⅰ-9；臀鳍Ⅱ-8；胸鳍13～15；腹鳍Ⅰ-5；尾鳍17。

体呈椭圆形，侧扁。头大。眼大，侧上位，眼间隔宽。口大，端位，斜裂。体被薄栉鳞，栉状齿细弱，鳞片极易脱落。头部除颊部被鳞外，大部分裸露。侧线完全，侧线鳞25枚。背鳍2个，分离，靠近；第一背鳍起点位于胸鳍起点前方，鳍棘细弱；第二背鳍高于第一背鳍。臀鳍与第二背鳍同形，起点位于第二背鳍第三鳍条下方。胸鳍末端尖长，伸达臀鳍起点处。腹鳍胸位。尾鳍圆形。体浅灰色，体侧有9～11条垂直暗褐色横带，横带宽小于横条间隙。头部及体侧散布有小黑点。第二背鳍靠近鳍基部有1条暗色条带。

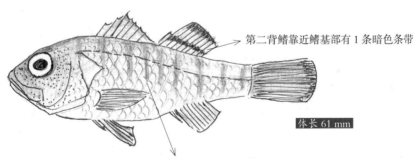

第二背鳍靠近鳍基部有1条暗色条带

体长 61 mm

体侧有9～11条垂直暗褐色横带，横带宽小于横带间隙

图42 细条天竺鲷 *Apogon lineatus*

地理分布：中国沿海。朝鲜半岛、日本也有分布。

生态习性：为近海暖水性中下层洄游性小型鱼类。体长多为60～80 mm。摄食桡足类、蔓足类幼体、多毛类幼体、长尾类幼体、短尾类幼体。含卵期不摄食。每年5—6月由外海游向近岸做生殖洄游，产卵期8—9月。雄性将卵含在口内孵化，产卵后分散索饵，10月游向黄海中部海域越冬。

资源现状：数量不多，为常见种。

经济意义：经济价值不高，可作鱼饵料用。

（二十八）鱚科 Sillaginidae

43. 多鳞鱚 (Duōlínxǐ) *Sillago sihama* (Forsskål,1775)

别名：鱚、多鳞沙鮻、船钉子、沙钻、麦穗、白丁鱼。

同种异名：*Atherina sihama* (Forsskål, 1775); *Sillago acuta* (Cuvier, 1816)。

形态特征：背鳍Ⅺ，Ⅰ-21～22；臀鳍Ⅰ-22；胸鳍16；腹鳍Ⅰ-5；尾鳍17。

体细长，呈圆柱形，稍侧扁。尾柄短而侧扁。吻较长。眼中等大，眼间隔狭窄。口小，端位，上颌稍能伸出，上颌骨短，被眶前骨遮盖。体被细薄栉鳞；头部除吻端与两颊外，大部分被鳞；胸鳍与尾鳍基部和眼间隔均被小栉鳞。侧线完全，在胸鳍上方稍弯曲，在体后呈直线状。侧线鳞70～74枚，侧线至背鳍起点具鳞5～6行。背鳍2个，基部微相连；第一背鳍具11弱鳍棘，第二鳍棘最长，向后渐次缩短；第二背鳍鳍基长。臀鳍长，基底与第二背鳍相对。胸鳍短。腹鳍位于胸鳍下。尾鳍浅凹形。体侧上部浅灰白色，下部乳白色，略带浅黄，有银色光泽。各鳍灰白色。

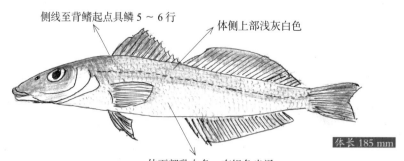

图 43　多鳞鱚 *Sillago sihama*

地理分布：中国沿海。印度洋北部沿海、马来半岛、菲律宾、朝鲜半岛、日本也有分布。

生态习性：近海暖水性底层洄游性小型鱼类。喜栖息于水质澄清的沙质底海区，亦可进入淡水。以小型无脊椎动物为食。5月出现在渤海西部海域，产卵期5—7月，盛期在6月上中旬。浮性卵。10月游回黄海中部海域越冬。

资源现状：数量不多，为常见种。

经济意义：肉质鲜美，为食用经济鱼类。

（二十九）鲯鳅科 Coryphaenidae

44. 鲯鳅 (Qíqiū) *Coryphaena hippurus* (Linnaeus, 1758)

别名： 鬼头刀、青衣、阴凉鱼。

同种异名： *Coryphaena immaculata*(Agassiz, 1831); *Scomber pelagicus* (Linnaeus, 1758); *Lampugus siculus* (Valenciennes, 1833); *Ecterias brunneus* (Jordan & Thompson, 1914)。

形态特征： 背鳍 58 ~ 61；臀鳍 27 ~ 28；胸鳍 20；腹鳍 I-5；尾鳍 16 ~ 18。

体延长而侧扁，体前部纵高，向后逐渐变细。头大，额前部具 1 骨质隆起，亦随着年龄的增长而增高，故成鱼吻部钝直。眼较小，侧下位。口较大，稍倾斜。上颌骨后端达眼中部下方。体被细小圆鳞，头上只颊部被鳞。侧线完全。背鳍 1 个，鳍基甚长，几乎沿整个背部，前部鳍条高。臀鳍始于背鳍第三十五至第三十六鳍条下方。胸鳍小，胸鳍长大于头长的一半。腹鳍长，左右腹鳍相连接，部分可藏于腹沟中。尾鳍分叉深。头和体背部黑褐色，腹部灰色，体侧散布着黑色圆点。胸鳍灰白色，其余各鳍黑色。

背鳍始于眼上方

尾鳍分叉深

体长 320 mm

头和背部黑褐色，腹部灰色，散布着黑色圆点

图 44 鲯鳅 *Coryphaena hippurus*

地理分布： 中国沿海。广泛分布于大西洋、地中海和太平洋的热带及亚热带海域。

生态习性： 为大洋暖水性大型洄游鱼类。一般栖息在大洋表层，追逐飞鱼和沙丁鱼等表层鱼类，有时跳出水面捕食。也以乌贼和虾类为食。7 月下旬出现在黄海北部海域，8 月少数个体进入渤海索饵，9 月下旬水温下降离开渤海海域。

资源现状： 历来都是稀少种类，偶尔捕到 1 尾幼鱼。

经济意义： 为食用经济鱼类。

（三十）鲹科 Carangidae

45. 沟鲹 (Gōushēn) *Atropus atropos* (Bloch & Schneider, 1801)

别名：女儿鲳、黑鳍鲳。

同种异名：*Atropus atropos* (Bloch & Schneider, 1801); *Brama atropos* (Bloch & Schneider, 1801), *Caranx atropos* (Bloch & Schneider, 1801)。

形态特征：背鳍Ⅷ，Ⅰ-19～22；臀鳍Ⅱ，Ⅰ-17～18；胸鳍18～22；腹鳍Ⅰ-5；尾鳍17。

体甚侧扁呈卵圆形。腹面有1深沟，腹鳍可收折其中，肛门及臀鳍前2棘也在沟中。头小，侧扁，头高大于头长。吻较短。眼较大。口较大。两颌牙呈绒毛带状。前鳃盖骨和鳃盖骨边缘平滑。体被小圆鳞，只胸部和腹部一部分裸露无鳞。侧线完全，在胸鳍上方有1大弧形弯曲，棱鳞弱，存在于侧线直线部分。第一背鳍有1向前平卧棘；第二背鳍

与臀鳍同形，雄鱼成体时第二背鳍与臀鳍中部鳍条呈丝状。胸鳍镰状。腹鳍位于胸鳍下方。尾鳍叉形。体背部蓝灰色，腹部乳白色，幼鱼时体侧具不明显暗带。腹鳍黑色。

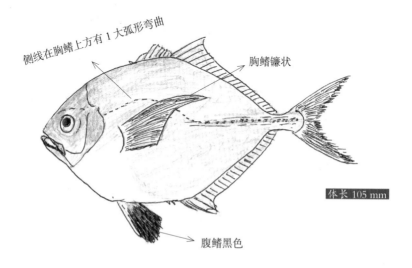

侧线在胸鳍上方有1大弧形弯曲　胸鳍镰状

体长 105 mm

腹鳍黑色

图 45　沟鲹 *Atropus atropos*

地理分布：中国沿海。印度洋北部沿岸、马来半岛、印度尼西亚、朝鲜半岛、日本也有分布。

生态习性：为暖水性中上层洄游性鱼类。栖息于近岸浅海海域，有时成群游于表层。主要摄食小型鱼类、甲壳类。6—7月出现在渤海西部海域，产卵期6—8月。浮性卵。9—10月洄游到黄海海域越冬。

资源现状：在秋季的浮拖网、刺网中能兼捕到少量幼鱼。为偶见种。

经济意义：为食用经济鱼类。

46. 布氏鲳鲹 (Bùshìchāngshēn) *Trachinotus blochii* (Lacepède, 1801)

别名：狮鼻鲳鲹、卵鲹、金鲳、黄腊鲹。

同种异名：*Caesiomorus blochii* (Lacepède, 1801)。

形态特征：背鳍Ⅰ，Ⅵ，Ⅰ-18~19；臀鳍Ⅱ，1~17；胸鳍19~20；腹鳍Ⅰ-5；尾鳍17。

体呈卵圆形，侧扁，尾柄短。头中等大，侧扁，背面的隆起度大，中央具1细嵴状线。吻短钝，吻长稍大于眼径。眼较小，位于头侧中央，眼间隔宽凸。体被小圆鳞，且都埋于皮下。头部无鳞。侧线完全，前半部波状弯曲，至第二背鳍第九鳍条正下方起为直线。背鳍、臀鳍、尾鳍基部具细鳞。背鳍两个，第一背鳍前方具1平卧棘，鳍棘短而强，

鳍棘部鳍膜随年龄的增长而逐渐消失；第二背鳍前部鳍条较长，但随年龄的增长前后部鳍条逐渐等长。臀鳍与背鳍鳍条部同形。胸鳍较宽。腹鳍胸位。尾鳍叉形。体背部灰绿色，带银蓝色光泽，腹部灰黄色，有银白色光泽。背鳍和尾鳍黄褐色，胸鳍暗褐色，腹鳍浅色。

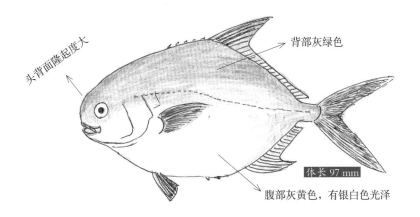

头背面隆起度大

背部灰绿色

体长 97 mm

腹部灰黄色，有银白色光泽

图46 布氏鲳鲹 *Trachinotus blochii*

地理分布：中国沿海。朝鲜半岛、日本等印度洋至太平洋海区沿海国家也有分布。

生态习性：为近海暖水性中上层鱼类。以浮游动物和底栖生物为食。

资源现状：渤海分布很少，为偶见种。

经济意义：为食用经济鱼类。

（三十一）石鲈科 Pomadasyidae

47. 华髭鲷 (Huázīdiāo) *Hapalogenys analis* (Richaedson,1845)

别名：臀斑髭鲷、横带髭鲷、条纹髭鲷、海猴、铜盆鱼。

同种异名：*Hapalogenys mucronatus* (Eydoux & Souleyet, 1850)。

形态特征：背鳍 I，IX-15～17；臀鳍III-9～10；胸鳍18；腹鳍 I-5；尾鳍17。

体呈近椭圆形，高而侧扁。尾柄短，长与高约相等。头中等大，吻钝长。眼中等大，眼间隔小而圆凸。口前位而低，稍斜。两颌齿细小呈绒毛状。前鳃盖骨边缘具细锯齿。鳃盖骨后缘有1小扁棘。体被小栉鳞，栉状齿强。侧线鳞45～48枚。背鳍1个，前方具1平卧棘，背鳍鳍棘部与鳍条部在鳍基部微相连，中间

具缺刻，背鳍鳍棘强大，以第三棘最长。臀鳍小，具3强棘。胸鳍宽短。腹鳍位于胸鳍基下方。尾鳍圆形。背部灰褐色，腹部淡色。体侧具6条黑色横带。背鳍、臀鳍及尾鳍淡黄色，边缘黑色；背鳍和臀鳍鳍棘间膜黑色；胸鳍浅黄色；腹鳍灰褐色。

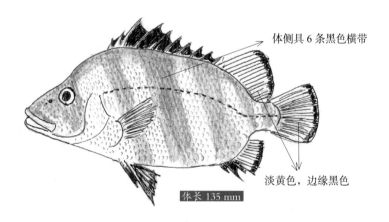

体侧具6条黑色横带

淡黄色，边缘黑色

体长 135 mm

图47 华髭鲷 *Hapalogenys analis*

地理分布：中国沿海。朝鲜半岛、日本、菲律宾等也有分布。

生态习性：为近海暖温性中下层鱼类。通常栖息于浅海的礁岩区和沙泥地交汇区。肉食性，主要以小鱼、甲壳类及软体动物为食。生殖期在 7—8 月。

资源现状：数量少，在秦皇岛近海有少量分布。为偶见种。

经济意义：为食用经济鱼类。

48. 黑鳍髭鲷 (Hēiqízīdiāo) *Hapalogenys nigripinnis* (Temminck & Schlegel, 1843)

别名：髭髭、打铁鱼。

同种异名：*Pogonias nigripinnis* (Temminck & Schlegel, 1843)。

形态特征：背鳍 I，X-14～16；臀鳍Ⅲ-9～10；胸鳍 18；腹鳍 I-5；尾鳍 17。

体呈长椭圆形，高而侧扁，背缘深弧形隆起，腹缘浅弧形。头较大；吻钝尖。眼中等大，上侧位，眼间距窄，甚凸。口微斜，前位而低。上、下颌约等长。颏部密生小髭。颏孔 4 对。前鳃盖骨边缘具锯齿。体被细小强栉鳞。背鳍 1 个，前方具 1 向前平卧棘，背鳍鳍棘部与鳍条部在鳍基部微相连，中间具缺刻，鳍棘强大。臀鳍小。胸鳍小。腹鳍位于胸鳍后下方。尾鳍圆形。体背呈黑褐色，腹部色淡。体侧具 3 条黑褐色由背鳍基部斜向后方的弧形斜带，第一条起自头后体之最高处，斜向后下方；第二条起自背鳍第三至第六条鳍棘的下方，向后下方弯曲，直达尾柄；第三条甚短，位于背鳍鳍条基部下方。各鳍黑褐色。

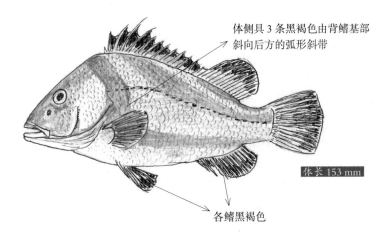

体侧具 3 条黑褐色由背鳍基部斜向后方的弧形斜带

体长 153 mm

各鳍黑褐色

图 48　黑鳍髭鲷 *Hapalogenys nigripinnis*

地理分布：中国沿海。朝鲜半岛、日本也有分布。

生态习性：为近海暖温性中下层鱼类。栖息于岩礁多的海区。以小鱼类及虾蟹类为食。产卵期约为8月。

资源现状：在秦皇岛海区有零星分布，数量很少。为偶见种。

经济意义：为食用经济鱼类。

---

49. 花尾胡椒鲷 (Huāwěihújiāodiāo) *Plectorhynchus cinctus* (Temminck & Schlegel,1843)

别名：花软唇石鲷、胡椒鲷、斑加吉。

同种异名：*Diagramma cinctum* (Temminck & Schlegel, 1843)。

形态特征：背鳍XII-13 ~ 15；臀鳍III-7；胸鳍15 ~ 17；腹鳍I-5；尾鳍17。

体呈长椭圆形，侧扁。背部隆起呈弧形。头大。眼中等大。眼间隔圆凸。口小，微斜。两颌同长。唇厚。前鳃盖骨边缘有细的锯齿。体被小栉鳞，侧线下鳞较大于上侧。侧线高位，与背缘相并行。背鳍1个，鳍棘与鳍条部相连，中央有1凹陷；背鳍鳍棘强大。臀鳍小，

起点在背鳍第三鳍条下方，第一鳍棘甚小，第二、第三鳍棘强大。胸鳍宽短。尾鳍圆形。头及体侧灰褐色。体侧有3条黑褐色斜带。体背侧散布许多黑色小点，尤以体后部较多。背鳍和尾鳍灰黄色，且散布许多黑色小点；背鳍鳍棘部黑色；其余各鳍灰黑色。

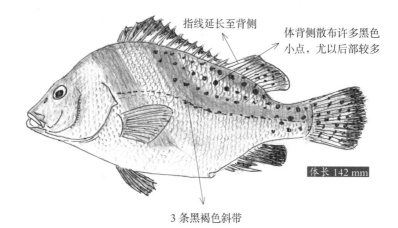

指线延长至背侧

体背侧散布许多黑色小点，尤以后部较多

体长 142 mm

3条黑褐色斜带

图49　花尾胡椒鲷 *Plectorhynchus cinctus*

地理分布：中国沿海。印度、西太平洋海域均有分布。

生态习性：为近海暖水性中下层鱼类。通常栖息于岩礁周围和沙泥底质近岸水域。肉食性。以甲壳类、小鱼为食。

资源现状：数量少，仅在秦皇岛近海偶尔见到。为偶见种。

经济意义：肉质鲜美，为食用经济鱼类。

（三十二）鲷科 Sparidae

50. 黑棘鲷 (Hēijídiāo) *Acanthopagrus schlegelii* (Bleeker,1854)

别名：黑鲷、黑加吉、海鲋。

同种异名： *Sparus macrocephalus* (Basilewsky, 1855); *Chrysophrys schlegelii* (Bleeker, 1854)。

形态特征：背鳍 XI - 11 ～ 12；臀鳍 III - 8；胸鳍 15；腹鳍 I - 5；尾鳍 17。

体呈椭圆形，侧扁而高。头较大。眼中等大，侧上位。眼间隔凸起。口较小，端位，倾斜。上下颌等长。体被中等大栉鳞，头部除眼间、前鳃盖骨、吻及颏部外皆被鳞。颊部具鳞 8 ～ 9 行。背鳍及臀鳍基部有发达的鳞鞘，鳍条基部被小鳞。侧线完全，呈弧形与背缘平行。
侧线起点处有一不规则黑斑。背鳍1个，鳍棘部与鳍条部相连，鳍棘强大。臀鳍与背鳍鳍条部相对，第二鳍棘强大。胸鳍长于腹鳍。尾鳍叉形。体灰黑色，有银色光泽。体侧有 6 ～ 7 条暗色横带。胸鳍肉色，其余各鳍灰褐色。

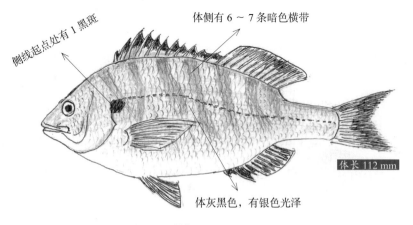

图 50　黑棘鲷 *Acanthopagrus schlegelii*

地理分布： 中国沿海。西北太平洋海域的俄罗斯、日本、朝鲜半岛也有分布。

生态习性： 为暖温性浅海底层鱼类。不做远距离洄游。常栖息在沙泥底或岩礁的海区。有时进入河口。以小型鱼类，虾类，小型贝类及蟹类等为食。产卵期5—6月。浮性卵。幼鱼时雌雄同体，到体长250～300 mm时性分化结束，大部分转化为雌鱼。

资源现状： 在秋末冬初时节，秦皇岛近海捕获到少量该鱼，亦有渐多的趋势。这可能与环境的改善和投放人工鱼礁有关。为常见种。

经济意义： 肉质鲜美，为名贵的经济鱼类。

51. 真鲷 (Zhēndiāo) *Pagrus major* (Temminck & Schlegel, 1843)

别名： 真赤鲷、加吉鱼、红加吉。

同种异名： *Pagrosomus major* (Temminck & Schlegel, 1843); *Chrysophrys major* (Temminck & Schlegel, 1843).

形态特征： 背鳍XII-9～10；臀鳍III-8；胸鳍15；腹鳍I-5；尾鳍17。

体呈长椭圆形，侧扁。头较大。眼中等大，上侧位。眼间隔较宽，圆凸。口中等大，前位。上、下颌约等长。上颌骨末端伸达眼前缘下方。体被中等大弱栉鳞，侧线完全。背鳍1个，连续，背鳍鳍棘部与鳍条部相连，中间无缺刻，背鳍鳍棘较强，各鳍棘可左右交错平卧于鳞鞘形成的背沟中。臀鳍鳍棘强大。胸鳍低位。腹鳍位于胸鳍下方。尾鳍分叉。新鲜个体体呈红褐色，带金属光泽，腹部银色。体侧散布着许多碧蓝色斑点，长大时蓝点更明显。头部灰褐色。各鳍红褐色，尾鳍边缘黑色。

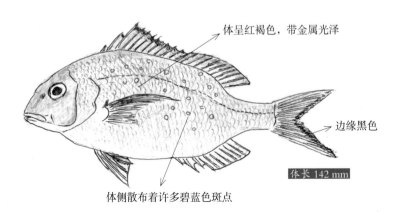

体呈红褐色，带金属光泽

边缘黑色

体长 142 mm

体侧散布着许多碧蓝色斑点

图 51 真鲷 *Pagrus major*

地理分布：中国沿海。朝鲜半岛、日本及东南亚各国海域均有分布。

生态习性：为暖温性中下层洄游性鱼类。常栖息于底质为沙泥或沙砾的近海海域。以小型鱼类、头足类、甲壳类为食。5月出现在渤海西部近海，产卵期5—6月。浮性卵。9—10月返回黄海南部海域越冬。

资源现状：数量不多，为常见种。

经济意义：肉质鲜美，为名贵的经济鱼类。

52. 平鲷 (Píngdiāo) *Rhabdosargus sarba* (Forsskål,1775)

别名：黄锡鲷、加吉、平头。

同种异名：*Sparus sarba* (Forsskål, 1775); *Chrysophrys chrysargyra* (Cuvier, 1829)。

形态特征：背鳍Ⅺ-13～14；臀鳍Ⅲ-11；胸鳍15；腹鳍Ⅰ-5；尾鳍17。

体呈椭圆形，侧扁而高，背缘弧状隆起，腹缘圆钝。头较大，背面隆起甚高。吻钝。眼中等大，上侧位。口小，端位，近水平。上颌骨后端伸达眼前缘下方。上颌前端具门牙6颗，两侧各具臼齿4～5列。下颌骨前端具门牙6颗，两侧各具臼齿3列。前鳃盖骨后缘平滑。体被中大薄圆鳞，背鳍和臀鳍基部具鳞鞘。侧线完全，高位，与背缘平行。侧线鳞63～68枚。背鳍1个，鳍棘部与鳍条部相连，鳍棘强壮，各鳍棘可左右交错平卧于鳞鞘形成的背沟中。臀鳍小，第二棘强大。胸鳍下侧位。腹鳍胸位。尾鳍浅叉形。体银灰色，腹部色淡，体侧有若干平行的青色纵带。背鳍暗色，边缘黑色。腹鳍黄色。

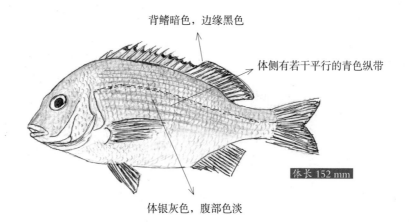

背鳍暗色，边缘黑色

体侧有若干平行的青色纵带

体银灰色，腹部色淡

体长 152 mm

图 52 平鲷 *Rhabdosargus sarba*

地理分布：中国沿海。朝鲜半岛、日本也有分布。

生态习性：为暖水性中下层鱼类。常栖息于岩礁或沙砾的近海海域，有时进入河口。幼鱼生活在河口，随着生长游向近岸海域。以软体动物、多毛类及棘皮动物为食。产卵期5—6月。浮性卵。

资源现状：数量少，为偶见种。

经济意义：为名贵的经济鱼类。

（三十三）石鲷科 Oplegnathidae

53. 斑石鲷 (bānshídiāo) *Oplegnathus punctatus* (Temminck & Schlegel,1844)

别名：斑鲷、黑嘴。

同种异名：—

形态特征：背鳍Ⅻ-17；臀鳍Ⅲ-12～14；胸鳍17；腹鳍Ⅰ-5；尾鳍17。

体短，侧扁而高。背腹缘隆起度大。头小，背面斜度大于腹部，两侧平坦。吻稍尖。眼小，上侧位，眼间隔宽而圆凸。口小，端位，上、下颌约等长。两颌牙与颌骨相愈合，各牙间隙充满石灰质，形成坚固的骨喙。腭骨无牙。鳃孔大，前鳃盖骨边缘具细锯齿，鳃盖骨后缘具
1扁棘。鳃盖膜不与颊部相连。体被细小栉鳞。侧线完全。背鳍起点在胸鳍基上方，鳍棘部与鳍条部相连，鳍棘部发达，鳍棘折叠时可收藏于背部浅沟内。尾鳍微凹或截形。体灰褐色，全身密布着大小不规则的黑斑。

地理分布：中国海区。太平洋海域有分布。

生态习性：为热带和亚热带近岸鱼类，通常栖息于岩礁附近。肉食性，主要以无脊椎动物或岩礁上的生物为食。

资源现状：数量很少，为偶见种。

经济意义：为食用经济鱼类。

体灰褐色，全身密布着大小不规则的黑斑

体长 135 mm

图 53　斑石鲷 *Oplegnathus punctatus*

（三十四）石首鱼科 Sciaenidae

54. 棘头梅童鱼　(Jítóuméitóngyú) *Collichthys lucidus* (Richardson,1844)

别名：大头鱼、大头宝、棘头。

同种异名：*Collichthys fragilis* (Jordan & Seale, 1905); *Sciaena lucida* (Richardson, 1844)。

形态特征：背鳍Ⅷ，Ⅰ-24 ~ 27；臀鳍Ⅱ-11 ~ 12；胸鳍 15 ~ 16；腹鳍Ⅰ-5；尾鳍 15。

体延长而侧扁。尾柄细长。头大，钝圆，额部隆起。头部枕骨棘棱显著，除前后 2 棘外，中间具 2 ~ 3 个明显尖棘。吻短而钝，不突出。眼较小，眼间宽而凸。

口大，端位，倾斜。前鳃盖骨边有细锯齿，鳃盖骨后缘具 1 扁棘。头和体被圆鳞，易脱落。侧线位较高。背鳍 1 个，连续，鳍棘与鳍条部有凹刻；第一背鳍起点位于胸鳍基部上方，鳍棘弱。臀鳍起点与背鳍第十、第十一鳍条相对。胸鳍尖刀状，位稍低。腹鳍小，胸位。尾鳍尖形。体上部灰褐色，腹侧面金黄色，有金黄色的发光颗粒。鳃盖银白色。

地理分布：中国沿海。菲律宾、朝鲜半岛、日本也有分布。

生态习性：近海暖温性中、下层小型鱼类。不做长距离洄游，常年生活在渤海。主要食物为沙蚕、毛虾、糠虾等小型底栖鱼虾。3 月由深水区游至近海索饵、产卵，产卵期 5—7 月。浮卵性。当年幼鱼体长可达 95 ~ 98 mm。12 月返回深水区越冬。

资源现状：20 世纪六七十年代，是近海定置网的主要捕捞对象，是"小杂鱼"的主要品种。由于过度利用，目前只是以常见种出现在该海域。

经济意义：为小型食用鱼类。

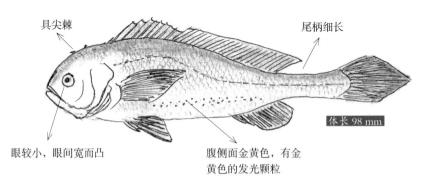

具尖棘

尾柄细长

体长 98 mm

眼较小，眼间宽而凸

腹侧面金黄色，有金
黄色的发光颗粒

图 54　棘头梅童鱼 Collichthys lucidus

55. 黑鳃梅童鱼　(Hēisāiméitóngyú) *Collichthys niveatus* (Jordan & Starks, 1906)

别名： 大棘头、大头宝。

同种异名： —

形态特征： 背鳍Ⅷ，Ⅰ-23～24；臀鳍Ⅱ-11；胸鳍15；腹鳍Ⅰ-5；尾鳍15。

体延长，侧扁。尾柄细长。头大而钝圆，额部隆起。眼较小。眼间隔宽而凸。头部枕骨棘棱显著，具前后2棘。口大而倾斜。上、下颌约等长。上颌骨伸达眼前缘下方。上颌中间联合处具1凹刻，与下颌的突起相对。前鳃盖骨及鳃盖骨薄而脆，前鳃盖骨边缘具细锯齿；鳃盖骨后上方具2柔软扁棘。头和体被薄圆鳞，易脱落。侧线完全。背鳍连续，鳍棘部和鳍条部具1凹刻，鳍棘细弱。臀鳍起点与背鳍第十至第十二鳍条相对。胸鳍稍尖，末端超过腹鳍末端。尾鳍尖形。体上部灰黑，鳃腔上部黑色，鳃盖部色暗，腹部及两侧下部均为金黄色。背鳍黄褐色，尾鳍末端稍黑，其他各鳍黄色。

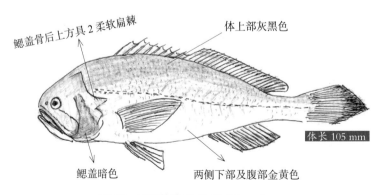

鳃盖骨后上方具2柔软扁棘

体上部灰黑色

体长 105 mm

鳃盖暗色

两侧下部及腹部金黄色

图 55　黑鳃梅童鱼 *Collichthys niveatus*

地理分布： 渤海、黄海和东海。朝鲜半岛、日本等地也有分布。

生态习性： 近海暖温性中、下层小型鱼类。不做长距离洄游。以桡足类、多毛类及甲壳类为食。每年 3 月向沿岸浅水区洄游，产卵期 5—7 月，产卵盛期在 6 月。浮性卵。当年幼鱼体长可达 90 mm。12 月返回深水区越冬。

资源现状： 数量少于棘头梅童。为偶见种。

经济意义： 为小型食用鱼类。

---

56. 皮氏叫姑鱼 (Píshìjiàogūyú) *Johnius belangerii* (Cuvier, 1830)

别名： 叫姑鱼、叫姑、加网。

同种异名： *Corvina belengerii* (Cuvier, 1830)；*Johnius belangerii* (Cuvier, 1830)。

形态特征： 背鳍 X～XI，27～29；臀鳍 II - 8；胸鳍 18～19；腹鳍 I - 5；尾鳍 15。

体长而侧扁。头短而圆钝。眼中等大，上侧位。口下位。上颌较下颌长。上颌骨末端伸达眼中部下方。颏部有 5 小孔，中央孔内有 1 小核突。前鳃盖骨后缘有小锯齿，鳃盖骨后缘有 2 扁棘。除吻端、颊部及喉部为圆鳞外，其余皆为栉鳞。侧线前部位较高。侧线鳞 44～51 枚。背鳍 1 个，连续，鳍棘部与鳍条部间有 1 深凹刻。臀鳍短。胸鳍侧位而稍低。腹鳍胸位，第一鳍条稍延长。尾柄细长，尾鳍楔形。体背侧淡灰色，两侧及腹侧银白色。背鳍鳍棘边缘灰黑色，鳃盖部灰黑色。

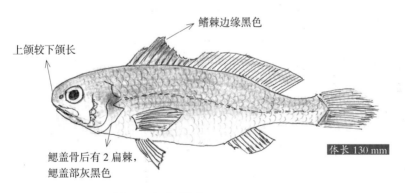

图 56　皮氏叫姑鱼 *Johnius belangerii*

地理分布： 中国沿海。印度 - 西太平洋海域沿岸国家也有分布。

生态习性： 为近海暖温性中下层小型洄游性鱼类。生殖期鳔能发声。昼夜垂直移动。主要摄食甲壳动物、沙蚕及小鱼等。5 月进入渤海西部近海，产卵期 5—7 月。浮性卵。当年幼鱼体长可达 80～90 mm。10—11 月上旬游离渤海西部海域，越冬在黄海北部海域。

资源现状：资源量一直较低，产量不高。为主要种。

经济意义：数量少，价值低，为常见小型食用鱼类，

57. 鮸 (Miǎn) *Miichthys miiuy* (Basilewsky, 1855)

别名：免鱼、敏鱼。

同种异名：*Sciaena miiuy* (Basilewsky, 1855); *Argyrosomus miiuy* (Basilewsky, 1855)。

形态特征：背鳍Ⅷ～Ⅺ-28～31；臀鳍Ⅱ-7～8；胸鳍21～22；腹鳍Ⅰ-5；尾鳍15。

体延长，侧扁。头稍尖。吻钝尖，吻褶边缘游离成吻叶。吻上孔3个；吻缘孔5个。颏孔4个。眼上侧位，中等大。眼间隔稍大于眼径。口前位，口  裂大而斜。口闭时上颌突出。上颌骨末端伸达眼后缘下方。上颌骨外列牙较大，犬状齿，口闭合时大部分外露。鳃盖骨后上缘具1扁棘。除颏部及上、下颌无鳞外，体被栉鳞，吻部、鳃盖骨及各鳍基部被小圆鳞，侧线前部较高。侧线鳞50～52枚。背鳍1个，连续，背鳍鳍棘部与鳍条部相连，中间有1深凹刻。臀鳍起点在背鳍第十三至第十四鳍条下方。胸鳍尖长。尾鳍楔形。体为灰褐色，腹部灰白色。各鳍褐色，末端深褐色。

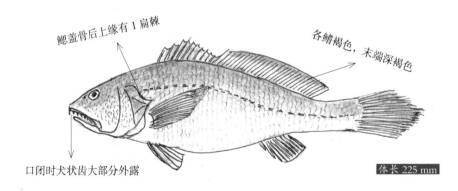

图 57 鮸 *Miichthys miiuy*

地理分布：中国沿海。朝鲜半岛、日本等沿海也有分布。

生态习性：为近海暖温性中下层大中型洄游性鱼类。以小鱼、小型甲壳类为食。6月出现在渤海西部近海，产卵期7—8月，10月进行越冬洄游，到黄海中部海域越冬。

资源现状：渤海产量较少，尤其是近几年很少捕到，为偶见种。

经济意义：肉质佳，鱼鳔可制成鱼胶，为名贵的经济鱼类。

58. 黄姑鱼 (Huánggūyú) *Nibea albiflora* (Richardson,1846)

别名：铜罗鱼、黄姑子。

同种异名：*Corvina albiflora* (Richardson, 1846); *Corvina fauvelii* (Sauvage, 1881)。

形态特征：背鳍Ⅸ～Ⅺ-28～30；臀鳍Ⅱ-7；胸鳍17～18；腹鳍Ⅰ-5；尾鳍14～16。

体长形，侧扁。头中大，侧扁稍尖突。吻上孔3个，细小；吻缘孔5个。眼中大，上侧位。口中大，斜裂。下颌稍短于上颌。上颌骨向后伸达瞳孔后缘。上、下颌具绒毛状牙带；上颌外行牙大而尖，下颌前端为细小牙群，口闭合时，上颌最外列牙外露。前鳃盖骨后缘圆形，具小锯齿；鳃盖骨后缘有2扁棘。具假鳃。体及头的后部被栉鳞，头的前部为小圆鳞，颏部无鳞。背鳍及臀鳍基部具鳞鞘。侧线发达。侧线鳞50～53枚。背鳍连续，鳍棘部与鳍条部有深凹刻。臀鳍短，起于背鳍第十五鳍条下方略后。胸鳍尖长。腹鳍起点在胸鳍基部下方略后。尾鳍楔形。体背缘淡灰色，两侧灰黄色，有很多黑褐色波状细纹斜向前下方，但不与侧线下方的条纹相连续。腹面黄白色。背鳍褐色，鳍棘部上方黑色，鳍条部的基部有1条灰白色纵带，边缘深褐色；胸鳍、臀鳍和腹鳍黄色；尾鳍灰黄色。

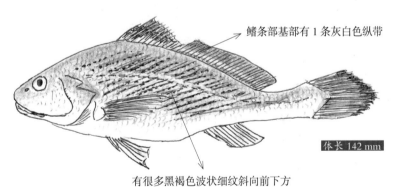

鳍条部基部有1条灰白色纵带

有很多黑褐色波状细纹斜向前下方

体长 142 mm

图58 黄姑鱼 *Nibea albiflora*

地理分布：中国沿海。朝鲜半岛、日本等也有分布。

生态习性：为近海暖温性中下层洄游性鱼类。以甲壳类、沙蚕、小鱼为食。5月出现在渤海西部近海，产卵期5—7月。浮性卵。当年幼鱼体长可达140～150 mm。10月移出该海区，洄游到黄海南部海域越冬。

资源现状：多年来产量很低，目前很少见到，为偶见种。

经济意义：肉质鲜美，为主要的经济鱼类之一。

59. 小黄鱼　(Xiǎohuángyú) *Larimichthys polyactis* (Bleeke,1877)

别名：小黄花、黄花鱼。

同种异名：*Pseudosciaena polyactis* (Bleeke, 1877)。

形态特征：背鳍Ⅸ~Ⅹ，Ⅰ-31~36；臀鳍Ⅱ-9；胸鳍16；腹鳍Ⅰ-5；尾鳍14~16。

体长而侧扁，背
腹缘均为广弧形。头
大，尖钝。吻短而钝尖，
口宽阔而倾斜。上、
下颌约等长，上颌骨
向后伸达眼后缘下方。
眼中等大，上侧位。

眼间隔宽而圆凸。头部及体前部被圆鳞，体后部被栉鳞。侧线在体前部向上弯曲，后部平直。
背鳍连续，鳍棘部与鳍条部之间具1凹刻。臀鳍起点与背鳍第十六鳍条相对。胸鳍尖长。腹鳍
稍短于胸鳍，起点后于胸鳍的起点。尾鳍尖长稍呈楔形。背面和上侧面灰黄色，下侧面和腹面
因发光腺体多呈现金黄色。背鳍黄褐色，胸鳍浅黄色，腹鳍和臀鳍金黄色，尾鳍黄褐色。

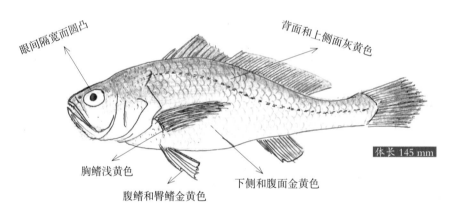

图59　小黄鱼 *Larimichthys polyactis*

地理分布：渤海、黄海、东海。朝鲜半岛和日本也有分布。

生态习性：为暖温性中下层洄游性鱼类。以小鱼、甲壳类等底栖动物为食。5月初出现在
渤海西部海域，产卵期5—6月。浮性卵。当年幼鱼体长可达140 mm。11—12月上旬游离渤
海西部海域到黄海中部海域越冬。

资源现状：20世纪五六十年代，小黄鱼是我国四大海洋渔业品种之一。是黄海、渤海、东
海的主要经济鱼类。每年有5月的春汛，9—12月的秋冬汛。由于过度捕捞导致资源严重衰退。
过去被称为"小黄鱼产卵场"的渤海湾，现在很少见到洄游回来的产卵亲鱼。受诸多因素影响，
资源恢复的难度很大。目前仅在秋季见到少量幼鱼。为主要种。

经济意义：鱼鳔可制成黄鱼胶，为名贵的食用鱼类。

60. 银姑鱼　(Yíngūyú) *Pennahia argentata* (Houttuyn, 1782)

别名：白姑鱼、白姑子、白梅。

同种异名： *Argyrosomus argentatus* (Houttuyn, 1782); *Sparus argentatus* (Houttuyn, 1782)。

形态特征：背鳍XI-25～28；臀鳍II-7～8；胸鳍17～19；腹鳍I-5；尾鳍15。

体延长，侧扁。背缘浅弧形，腹部圆形。头中等大。吻圆钝。吻上孔3个，吻边缘孔5个。眼中大，上侧位。眼间隔微突。口大，前位，斜裂。上颌稍长于下颌。上颌骨末端伸达眼中部下方。上颌齿细小，排列成带状，外行牙较大；上颌牙2行，内行牙较大。颏孔6个。前鳃盖骨边缘具细锯齿；鳃盖骨后上方具2扁棘。体被栉鳞。背鳍及臀鳍基部具鳞鞘。侧线发达，在体前部稍向上弯曲，后部平直。侧线鳞50～54枚。背鳍连续，鳍棘部与鳍条部之间具1深凹刻。臀鳍起点在背鳍第十二鳍条下方。胸鳍尖形。尾鳍楔形。体背侧淡灰色，两侧及腹面银白色，鳃盖右上方有1大黑斑。背鳍黄褐色，鳍条中间部具1条白色纵带。臀鳍、胸鳍、腹鳍淡黄色。尾鳍灰色。

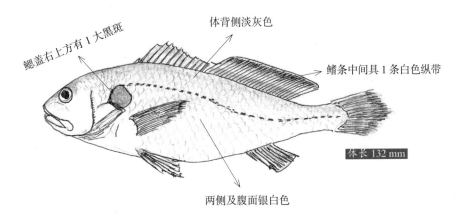

鳃盖右上方有1大黑斑　体背侧淡灰色　鳍条中间具1条白色纵带　体长 132 mm　两侧及腹面银白色

图 60　银姑鱼 *Pennahia argentata*

地理分布：中国沿海。朝鲜半岛、日本也有分布。

生态习性：为暖温性中下层洄游性鱼类。以小鱼、小甲壳类等底栖无脊椎动物为食。5月下旬出现在渤海西部海域，产卵期5—7月。浮性卵。当年幼鱼体长可达90～100 mm。10月洄游到黄海中南部海域越冬。

资源现状：数量少，为常见种。

经济意义：为食用经济鱼类。

（三十五）绵鳚科 Zoarcidae

61. 长绵鳚 (Chángmiánwèi) *Zoarces elongatus* (Kner,1868)

别名：绵鳚、海鲇鱼、光鱼。

同种异名：—

形态特征：背鳍 85 ~ 90 - IX ~ XIV - 25 ~ 30；臀鳍 98 ~ 103；胸鳍 17 ~ 20；腹鳍 3。

体延长呈鳗形，前部亚圆形，尾部侧扁。口宽大，位低。上颌略长于下颌。眼较小，近头背缘，眼间宽。鳃盖膜与颊部相连。体被埋于皮下的小圆鳞，头部无鳞。侧线 1 条，侧中位，至尾部渐消失。背鳍基甚长，起于鳃孔稍前上方，前部大部分为鳍条，仅在尾部有一小段小鳍棘，后边又有一段鳍条与尾鳍相连。臀鳍起于背鳍第二十一鳍条下方，后端与尾鳍相连。胸鳍宽圆。腹鳍小，喉位。尾鳍圆形。体灰黄色，腹部白色，体侧沿背鳍基有 1 纵列 15 ~ 19 个深褐色略带黑色的大斑块，体侧沿侧线有若干块云状暗斑。背鳍第四至第七鳍条处有 1 黑色圆斑。

地理分布：渤海、黄海、东海。朝鲜半岛、日本及俄罗斯远东沿海也有分布。

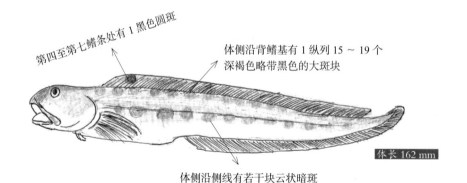

第四至第七鳍条处有 1 黑色圆斑

体侧沿背鳍基有 1 纵列 15 ~ 19 个深褐色略带黑色的大斑块

体长 162 mm

体侧沿侧线有若干块云状暗斑

图 61　长绵鳚 *Zoarces elongatus*

生态习性：为冷温性近海底层鱼类。以小型鱼类和无脊椎动物为食。在渤海西部近海常年均可捕到，尤其在秋末冬初的渔获物中占有一定的比例。产卵期 11 月至翌年 3 月。幼鱼当年体长可达 60 ~ 70 mm。12 月以后向深水区移动，进入黄海北部海域越冬场。

资源现状：为近海鱼类，集群性差，只是兼捕，所以产量不高。为常见种。

经济意义：肉质鲜美，为食用经济鱼类。

（三十六）线鳚科 Stichaeidae

62. 日本笠鳚 (Rìběnlìwèi) *Chirolophis japonicus* (Herzenstein, 1890)

别名：日本眉鳚、缭鳚、花鱼、蝴蝶爷鱼、花鱼。

同种异名：*Azuma emmnion* (Jordan & Snyder, 1902); *Bryostemma otohime* (Jordan & Snyder, 1902)。

形态特征：背鳍 LVI～LVII；臀鳍 I-40～42；胸鳍 14～16；腹鳍 I-4；尾鳍 15。

体长形，侧扁。头较小，稍侧扁。头顶和项部有许多分枝皮须。吻背部中央1对。头顶后侧和项背各1对。眼间隔前后各有1对鹿角状较大的皮须。另外，在下颌后方，喉部和鳃盖上缘均有若干小须。口前位，较低。下颌较上颌微长。鳞很小，多埋于皮下。侧线很短，位于胸鳍上方，很高，约有16个小孔，孔的前缘有皮质突起。背鳍1个，全由鳍棘组成，以鳍膜与尾鳍基相连。背鳍前4～5棘上端有小皮须。臀鳍前端有1小棘，后部均为鳍条，后端以鳍膜连于尾鳍基部。胸鳍宽圆。腹鳍喉位。尾鳍短圆形。体橙黄色。体侧有10～11个云纹状深褐色斑块。背鳍和臀鳍上亦有斑纹，胸鳍上有数道黑色条纹，尾鳍有2道黑色宽纹。

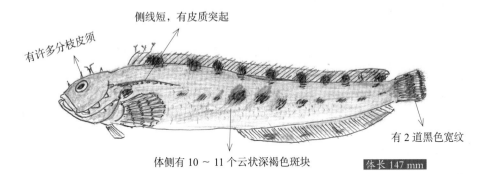

图 62 日本笠鳚 *Chirolophis japonicus*

地理分布：渤海、黄海。朝鲜半岛、日本也有分布。

生态习性：为冷温性近海小型鱼类。生活于岩礁区和沙泥底质的近海海域，以小型鱼类和无脊椎底栖动物为食。产卵期 10—12 月。

资源现状：在河北东部近海及人工鱼礁投放区有少量分布，为偶见种。

经济意义：可食用，有一定的经济价值。

63. 六线鳚 (Liùxiànwèi) *Ernogrammus hexagrammus* (Schlegel,1845)

别名：六线鱼。

同种异名： *Stichaeus enneagrammus* (Kner, 1868); *Stichaeus hexagrammus* (Schlegel, 1845)。

形态特征：背鳍XXXⅧ～XXXⅨ；臀鳍Ⅰ-25～26；胸鳍14；腹鳍Ⅰ-4；尾鳍15。

体延长，侧扁。吻尖，稍平扁。口端位，上、下唇后缘均游离，形成1沟。上、下颌、犁骨及腭骨均有齿。鳃孔宽大。体被细小圆鳞，体每侧具上、中、下3条侧线，均延伸至尾柄。背鳍长，全由鳍棘组成，最后鳍棘以鳍膜连于尾鳍前部。臀鳍最后鳍条亦连于尾鳍前部。胸鳍长圆形。腹鳍喉位。尾鳍圆形。头和体均为深褐色，背缘约有9个灰色圆斑。眼后至鳃盖部有2条深色斜纹。胸鳍有多条黑色横纹。体下灰白色。背鳍、臀鳍及尾鳍灰黑色。胸鳍白色。腹鳍白色。

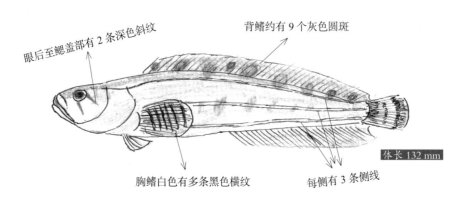

图63　六线鳚 *Ernogrammus hexagrammus*

地理分布：渤海、黄海。朝鲜半岛、日本也有分布。

生态习性：为近海冷温性小型底层鱼类。生活于近岸岩礁或海藻周围。以小型鱼类和底栖无脊椎动物为食。

资源现状：在秦皇岛近海及投放人工鱼礁区有少量分布，为常见种。

经济意义：可食用，经济价值不高。

（三十七）锦鳚科 Pholidae

64. 方氏锦鳚 (Fāngshìjǐnwèi) *Pholis fangi* (Wang & Wang,1935)

别名：方氏云鳚、面条鱼。

同种异名：*Enedrias fangi* (Wang & Wang, 1935)。

形态特征：背鳍 LXXVⅧ～ LXXIX；臀鳍Ⅱ-39～42；胸鳍15～16；腹鳍Ⅰ-1；尾鳍22。

体长形，侧扁，呈短带状。头较小，亦侧扁。口小，前位。两颌齿粗短。鳃孔宽大。左右鳃膜相连，与颊部分离。头和体均被小圆鳞。无侧线。背鳍全由粗短的尖棘组成，鳍膜厚，后端连于尾鳍基部。臀鳍后端也连于尾鳍基部。胸鳍低位。腹鳍喉位。尾鳍稍圆。体浅褐色，微黄，体侧有若干条云状斑纹；在斑纹的中央均有1淡黄色的纵纹。在背鳍基下方有1列约14个带白点的深褐色斑纹。

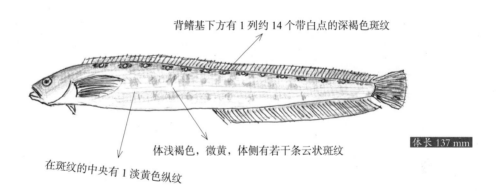

背鳍基下方有1列约14个带白点的深褐色斑纹

体浅褐色，微黄，体侧有若干条云状斑纹

体长 137 mm

在斑纹的中央有1淡黄色纵纹

图 64　方氏锦鳚 *Pholis fangi*

地理分布：渤海、黄海，为中国特有种。

生态习性：为近海冷温性小型底层鱼类。以小型鱼类和底栖无脊椎动物为食。终年栖息于沿岸近海，不做远距离洄游。主要分布在河北中、东部近海，产卵期10—12月。4—5月幼鱼体长为35～60 mm，当年可达80～90 mm。

资源现状：有一定的产量，为主要种。

经济意义：为常见的小杂鱼，可食用。春季架子网捕获的幼鱼，可做海水养殖及人工育苗幼鱼、虾、蟹的新鲜天然饵料。

65. 云纹锦鳚 (Yúnwénjǐnwèi) *Pholis nebulosa* (Temminck & Schlegel,1845)

别名：云鳚、锦鳚。

同种异名： *Enedrias nebulosus* (Temminck & Schlege, 1845); *Gunellus nebulosus* (Temminck & Schlegel, 1845)。

形态特征：背鳍LXXVIII；臀鳍II-36~40；胸鳍15~16；腹鳍I-1；尾鳍20。

体延长，侧扁呈
短带状。头侧扁，短
小。吻短。眼小，上
侧位。口较小，端位，
口裂稍倾斜。齿短而
粗钝，上下颌牙呈狭
带状，上颌牙较多。

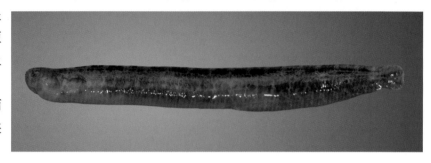

犁骨具细牙。鳃孔宽大，左右鳃盖膜相连，但与颊部不相连。自眼后头体均被小圆鳞。无侧线。
背鳍1个，始于鳃孔上方，全由粗短的鳍棘组成，后端连于尾鳍基部。臀鳍与背鳍相似，约始
于背鳍第四十鳍棘下方，后端亦与尾鳍基部相连。胸鳍短圆形。腹鳍甚短小，喉位。尾鳍圆形。
体灰褐色，腹面淡黄色。体侧有2行略呈方形或长方形的黑褐色斑块。眼周围有放射纹。背鳍
和臀鳍上有云状暗斑。

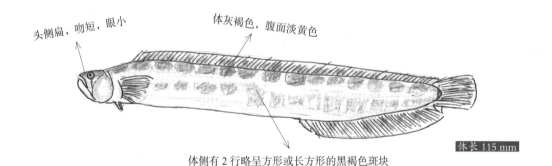

头侧扁，吻短，眼小

体灰褐色，腹面淡黄色

体侧有2行略呈方形或长方形的黑褐色斑块

体长 115 mm

图65　云纹锦鳚 *Pholis nebulosa*

地理分布：渤海、黄海、东海。朝鲜半岛、日本也有分布。

生态习性：为近海冷温性小型底层鱼类。生活于沙泥底质近海或岩礁区，以小型鱼类和底
栖无脊椎动物为食。主要分布在河北近海的中、东部。不做远距离洄游。产卵期8—9月。

资源现状：数量不多。为常见种。

经济意义：为常见小杂鱼，可食用。

66. 竹锦鳚 (Zhújǐnwèi) *Pholistic crassispina* (Temminck & Schlegel, 1845)

别名：竹云鳚。

同种异名： *Enedrias crassispina* (Temminck & Schlegel, 1845)。

形态特征：背鳍 LXXⅢ ～ LXXⅣ；臀鳍Ⅱ-34 ～ 41；胸鳍 11 ～ 13；腹鳍Ⅰ-1。

体延长，侧扁，呈带状。头被小鳞。胸鳍甚短，头长为胸鳍长的 2.3 ～ 3.3 倍。体褐色或绿褐色，尾鳍黄色或淡褐色。背鳍基有 1 列不明显的暗斑，体侧有数条白色横线。

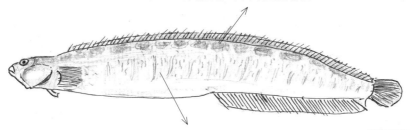

背鳍基有 1 列不明显的暗斑

体褐色，体侧有数条白色横线

体长 120 mm

图 66 竹锦鳚 *Pholistic crassispina*

地理分布：渤海、黄海。日本北海道至九州沿海也有分布。

生态习性：为冷温性底层鱼类，栖息于从潮间带到水深 5 m 的藻场水域。

资源现状：秦皇岛近海有少量分布，为偶见种。

经济意义：可食用，有一定的经济价值。

（三十八）玉筋鱼科 Ammodytidae

67. 玉筋鱼 (Yùjīnyú) *Ammodytes personatus* (Girard, 1856)

别名：太平洋玉筋鱼、面条鱼、银针鱼。

同种异名：—

形态特征：背鳍 57 ～ 58；臀鳍 30 ～ 31；胸鳍 14 ～ 15；尾鳍 i+13+i。

体长柱形，稍侧扁。头长形。眼小，侧高位，后缘至吻端较距鳃孔近。眼间隔宽平，中央微凸。口大，斜形。下颌较长，下颌联合的下侧具 1 大突起。上颌能伸缩。后端伸过眼前缘。无牙齿。

鳃盖骨无棘。鳃盖膜分离，与颊部不相连。有假鳃。体被小圆鳞，头部及鳍无鳞。侧线1条，直线形，位体

侧背缘。体侧有很多斜向后下方的横皮褶，鳞即夹在横皮褶的间隙内。体腹面，自胸鳍基的前下方，向后每侧尚有1条纵皮褶。背鳍1个，基底长，始于胸鳍后端的稍前方，鳍条长短相似，无鳍棘，最后鳍条伸不到尾鳍基。臀鳍与背鳍相似，始于背鳍第二十九鳍条基的下方，后端也伸不到尾鳍基部。胸鳍位低，长圆形。无腹鳍。尾鳍叉形。体侧淡绿色，背缘灰黑色，腹侧银白色。

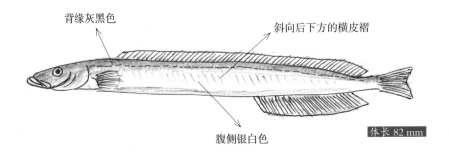

图 67　玉筋鱼 *Ammodytes personatus*

地理分布：渤海、黄海。朝鲜半岛、日本也有分布。

生态习性：为近海冷温性小型鱼类。夜伏，白天活动。栖息于沙底质环境，喜钻游沙内。群栖性。以小型甲壳类为食。在渤海西部海域大量出现在12月至翌年6月，产卵期12月至翌年2月。沉性卵。5月底捕获的1龄鱼体长60～82 mm。

资源现状：有一定的资源量，因个体小，形不成产量。为常见种。

经济意义：可食用。

（三十九）鳚科 Callionymidae

68. 本氏鳚 (Běnshìxián) *Callionymus beniteguri* (Jordan & Snyder,1900)

别名：绯鳚、本氏斜棘鳚、小箭头鱼。

同种异名：*Repomucenus beniteguri* (Jordan & Snyder, 1900); *Callionymus kanekonis* (Tanaka, 1917)。

形态特征：背鳍Ⅳ，9；臀鳍9；胸鳍 i + 17～20；腹鳍 Ⅰ-5；尾鳍 i + 7 + ii。

体长形，平扁，尾柄后端为圆柱状。头平扁，从背面看似正三角形。吻平扁。眼稍小，高凸，上位。眼间隔很窄。口小，前位。上颌较下颌略长。上颌能伸缩。上下颌具绒毛状细牙。

前鳃盖骨有 1 长棘，后端向上弯曲，其内上缘具 3 ~ 4 枚向上弯曲的小刺突，基部具 1 强倒棘。鳃孔小，背侧位。鳃盖膜与颊部相连。体无鳞。侧线 1 条，从眼伸至尾鳍第三分枝鳍条的末端。背鳍 2 个，分离，雄性第一背鳍 4 枚鳍棘均延伸为丝状，第

一、第二鳍棘最明显；雌鱼的第一、第二鳍棘也稍延长，但不明显；第二背鳍最后一鳍条最长而分叉，伸达尾鳍基部。臀鳍始于第二背鳍第二鳍条的下方，最后鳍条叉状，伸达尾鳍基部。胸鳍侧低位。腹鳍喉位。尾鳍中央鳍条较长，呈尖矛状。背侧灰褐色，有很多不规则而左右对称的暗环纹及灰白斑。腹部灰白色。雄鱼第一背鳍几乎透明，其上有一些黑点、黑线和白色斑点；雌鱼第一背鳍上有一些蠕虫状白线，第三棘膜黑色。

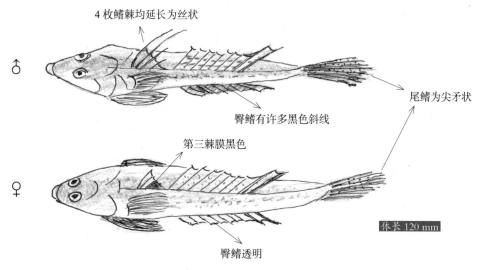

图 68　本氏鲔 *Callionymus beniteguri*

地理分布：中国沿海。朝鲜半岛、日本也有分布。

生态习性：为近海暖温性小型鱼类。生活于泥沙底质近海。以底栖动物为食。产卵期 6 — 8 月。浮性卵。1 龄鱼体长 60 ~ 90 mm，即达性成熟。

资源现状：数量不多，为常见种。

经济意义：可食用，经济价值不高。

69. 短鳍鮨 (Duǎnqíxián) *Callionymus kitaharae* (Jordan & Seale,1906)

别名： 长崎鮨、小箭头鱼。

同种异名： *Callionymus huguenini* (Bleeker, 1858)。

形态特征： 背鳍Ⅳ，9；臀鳍9；胸鳍 i + 19；腹鳍 I − 5；尾鳍 i + 7 + ii。

体长形，扁平，向后渐尖，到尾柄后为圆柱状。头部很平扁，背面为三角形。吻背面也呈三角形。眼上位，间隔很窄。口小弧形，上颌较下颌长，上颌甚能伸缩。唇发达，上、下颌有绒状齿群。前鳃盖骨棘长，后端向上弯曲，外缘平滑，内缘具4枚棘

突，外侧具1向前倒棘。鳃孔为小圆孔状，位头背侧，距前背鳍较距眼近。鳃盖膜与颊部相连，并与鳃盖骨在胸鳍前方形成一大囊状鳃腔。体无鳞。侧线1条，位略高，在鳃盖后背侧及尾柄背侧均有1横枝，连接左右侧线。背鳍2个；第一背鳍始于胸鳍基部上缘的稍前方，有4枚鳍棘均很短，雌鱼的棘短于眼径，雄鱼的棘也不超过眼径的1.5倍；鳍棘上端都不为丝状，后端也伸不到第二背鳍；第二背鳍最后1根鳍条最长，鳍条自鳍的基部分为二叉状，后端伸过尾鳍前基缘。臀鳍始于第二背鳍第二鳍条基的下方，向后鳍条渐长，最后鳍条基部亦分叉且后端伸过尾鳍前基缘。胸鳍侧低位，近方形。腹鳍喉位。尾鳍圆截形。体背侧黄褐色，有很多大小不等的白斑及小黑点。腹部淡白色。体侧具 5 ~ 6 条暗色斑纹。雌鱼第一背鳍第二鳍棘后方鳍膜为黑色；雄鱼为上半部黄色，下半部为白色。

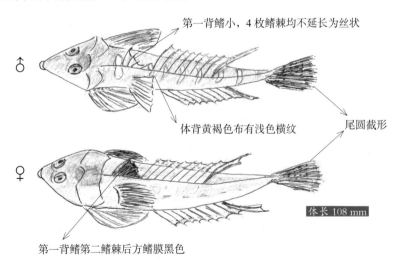

图 69　短鳍鮨 *Callionymus kitaharae*

地理分布：渤海、黄海、东海。朝鲜半岛、日本也有分布。

生态习性：为暖温性底层中小型鱼类。生活于泥沙底质近海，以底栖动物为食。4月出现在渤海西部海域，产卵期5—7月。浮性卵。当年幼鱼体长可达70 mm。12月离开近海游到深水区越冬。

资源现状：产量不大，为主要种。

经济意义：经济价值不高。

70. 朝鲜䲗 (Cháoxiǎnxián) *Callionymus koreanus* (Nakabo,Jeon & Li,1987)

别名：箭头鱼。

同种异名：*Repomucenus koreanus* (Nakabo, Jeon & Li, 1987)。

形态特征：背鳍Ⅳ，9；臀鳍9；胸鳍17~19；腹鳍Ⅰ-5；尾鳍10。

体长形，稍平扁,向后渐细。头平扁,自背面观为三角形。吻短,背面观呈三角形。眼较小,侧上位,眼间隔狭窄而凹。口小,前位。下颌较上颌短,上颌能伸缩。上、下颌具绒毛状牙群。前鳃盖骨棘后端向上弯曲，其前下缘有1向前倒棘，其上缘一般有3个向上方弯曲的小棘。鳃孔小，位于头的背侧。鳃盖膜与颊部相连。体无鳞。侧线1条，侧位而高，在尾柄部有1横支自背侧相连。背鳍2个，分离。背、臀鳍除最后鳍条在基部分枝外，其余鳍条均不分枝。胸鳍侧低位。腹鳍喉位，有膜与胸鳍基前方相连。尾鳍圆形。液浸标本，体为灰黄褐色，腹侧灰白。体背侧有很多暗色斑块及许多小白圈，新鲜的雄鱼侧线下有1黄色纵带。雄鱼第一背鳍稍透明，鳍缘黑色；雌鱼第一背鳍前部透明，后部黑色。雄鱼腹鳍暗棕色，雌鱼腹鳍具有小黑点。雄鱼臀鳍一致棕黑色；雌鱼臀鳍透明，近鳍缘部有1暗色纵带。雄鱼尾鳍色暗，有许多暗纹，下半部棕黑色；雌鱼尾鳍上半部有几个暗点，下半部棕黑色。

地理分布：渤海和黄海及朝鲜半岛。

生态习性：为冷温性近海中小型底层鱼类。生活于泥沙底质近海。5月出现在渤海西部海域，产卵期5—6月。浮性卵。12月离开近海去深水区越冬。

资源现状：数量不多，为常见种。

经济意义：可食用，经济价值不高。

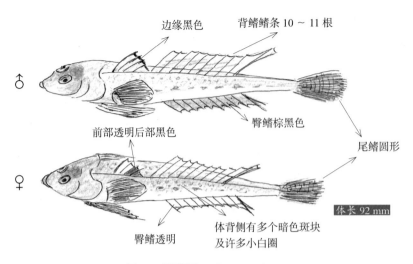

边缘黑色

背鳍鳍条 10～11 根

臀鳍棕黑色

尾鳍圆形

前部透明后部黑色

体背侧有多个暗色斑块
及许多小白圈

臀鳍透明

体长 92 mm

图 70　朝鲜䲗 *Callionymus koreanus*

71. 饰鳍斜棘䲗 (Shìqíxiéjíxián) *Repomucenus ornatipinnis* (Regan,1905)

别名：饰鳍䲗、箭头鱼。

同种异名：*Callionymus ornatipinnis* (Regan, 1905)。

形态特征：背鳍Ⅳ，9；臀鳍9；胸鳍 i＋18～20；腹鳍Ⅰ-5；尾鳍 i＋7＋ii。

体长形，平扁，向后渐细。头宽扁，无外露骨板或棘。吻平扁，吻褶发达。眼大，眼间隔很窄而凹入。口亚端位，能伸缩，上颌稍突出。上、下颌具绒毛状牙带。前鳃盖骨棘长，后端向上

弯曲，内缘具 2～3 个小棘，基部前方具 1 向前倒棘。体无鳞。侧线发达，左右侧线在头后及尾柄背侧有 1 横支相连。背鳍 2 个，分离。成熟雄鱼第一、第二鳍棘延长呈丝状；雌鱼鳍棘不延长。臀鳍最后鳍条延长。胸鳍中等大。腹鳍宽大。尾鳍长圆形，雄鱼尾鳍鳍条较长。体背部灰褐色，具不规则圆形浅色小斑；腹面淡白色，体侧沿侧线具有 6 个不规则暗色斑块，体侧下部有白色椭圆形斑。雄鱼第一背鳍棘膜具蓝白色斑纹，第三、第四鳍棘膜边缘黑色；雌鱼第三、第四鳍棘膜全为黑色。第二背鳍雄鱼淡灰褐色，中间有 1 排小黑点；雌鱼淡灰褐色。臀鳍雄鱼淡灰色；雌鱼白色或透明。胸鳍上部有黑色小点；腹鳍淡褐色；尾鳍灰色，上部散布有蓝白色斑纹及黑色小斑点，下半部暗色。

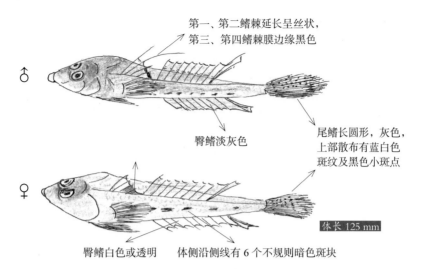

第一、第二鳍棘延长呈丝状，
第三、第四鳍棘膜边缘黑色

♂

臀鳍淡灰色

尾鳍长圆形，灰色，
上部散布有蓝白色
斑纹及黑色小斑点

♀

体长 125 mm

臀鳍白色或透明　体侧沿侧线有 6 个不规则暗色斑块

图 71　饰鳍斜棘䲗 *Repomucenus ornatipinnis*

地理分布：渤海、黄海、东海。朝鲜半岛、日本也有分布。

生态习性：为近海暖温性底层小型鱼类。生活于泥沙底质近海。以底栖动物为食，6月出现在渤海西部海域，产卵期6—8月。浮性卵。10月洄游到深水区越冬。

资源现状：数量不多，为常见种。

经济意义：可食用，经济价值不高。

（四十）虾虎鱼科 Gobiidae

72. 长体刺虾虎鱼 (Chángtǐcìxiāhǔyú) *Acanthogobius elongata* (Fang,1942)

别名：—

同种异名：*Aboma elongata* (Fang, 1942)。

形态特征：背鳍Ⅶ～Ⅷ，Ⅰ-12～13；臀鳍Ⅰ-11；胸鳍19～20；腹鳍Ⅰ-5；尾鳍3+16+2。

体延长，侧扁。头中等大，稍宽扁，头背具有2个感觉管孔。吻圆钝。眼小，背侧位，眼间隔狭窄。口中等大，上颌稍长于下颌。体被

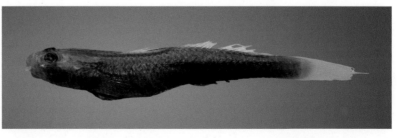

弱栉鳞，头部、项部、胸部裸露无鳞。无侧线。背鳍2个，分离；第一背鳍鳍棘细弱；第二背鳍略高于第一背鳍，平放时不伸达尾鳍基。臀鳍与第二背鳍同形、相对。胸鳍宽圆，扇形，下侧位。腹鳍长圆形，左右腹鳍愈合成1吸盘。尾鳍长。头、体红棕色，背部色深，腹部色浅，体侧无明显斑块，有时隐约可见6条横纹。各鳍浅灰色。

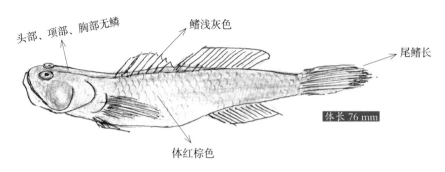

头部、项部、胸部无鳞   鳍浅灰色   尾鳍长

体长 76 mm

体红棕色

图 72 长体刺虾虎鱼 *Acanthogobius elongata*

地理分布：渤海、黄海、东海。朝鲜半岛也有分布。

生态习性：为暖温性小型底层鱼类，栖息于浅水区及河口咸、淡水水域。

资源现状：在渤海西部海域的数量不多，在滩涂生物调查时偶尔采集到。

经济意义：个体小，经济价值不高。

73. 乳色刺虾虎鱼 (Rǔsècìxiāhǔyú) *Acanthogobius lactipes* (Hilgendorf,1879)

别名：白鳍虾虎鱼、阿匐虾虎鱼、沙棍鱼。

同种异名：*Gobius lactipes* (Hilgendorf, 1879); *Aboma lactipes* (Hilgendorf, 1879)。

形态特征：背鳍Ⅷ，12 ~ 14；臀鳍 11 ~ 12；胸鳍 18 ~ 19；腹鳍Ⅰ-5；尾鳍 3+16+4。

体延长，侧扁，尾柄高。头中大，圆钝，略扁平。头部具 3 个感觉管孔。眼稍小，背侧位。眼间隔狭窄。鼻前孔有短管。口小，前下位。上唇较厚。下颌牙细小，

尖锥形，多行，排列成带状。体被大型栉鳞，吻部、项部、颊部及鳃盖部无鳞。无侧线。背鳍 2 个，分离；第一背鳍高，鳍棘柔软，平放时可伸达第二背鳍起点或稍后。臀鳍起于第二背鳍第二鳍条的下方，稍低于第二背鳍，平放时二者后端有时可达尾鳍基部。胸鳍宽圆，团扇状，下侧位。腹鳍圆形，左右愈合成 1 吸盘。尾鳍长圆形。体灰褐色，背部色较暗。体侧具 1 纵列不规则的棕褐色斑纹。眼下方至口角处有 1 条浅褐色条纹。背鳍具 3 ~ 4 纵列黑色条纹，胸鳍基部上方有暗色斑块，各鳍灰白色。

地理分布：中国沿海。朝鲜半岛、日本及俄罗斯远东沿岸也有分布。

生态习性：为冷温性近岸小型底层鱼类，栖息于潮间带低潮区及河口、内湾沙泥底质的浅水水域。以浮游动物、桡足类、无节幼体、长尾类及短尾类幼体为食。产卵期 4—5 月。沉性卵，具附着丝。一年生，最大体长 75 mm。

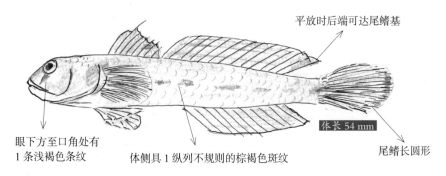

眼下方至口角处有
1条浅褐色条纹

体侧具1纵列不规则的棕褐色斑纹

平放时后端可达尾鳍基

体长 54 mm

尾鳍长圆形

图 73　乳色刺虾虎鱼 *Acanthogobius lactipes*

资源现状： 为春季近岸手推网捕捞对象，产量不大。为常见种。

经济意义： 可食用，经济价值不大。

74. 斑尾刺虾虎鱼　(Bānwěicìxiāhǔyú) *Acanthogobius ommaturus* (Richardson,1845)

别名： 矛尾刺虾虎鱼、斑尾复虾虎鱼、矛尾复虾虎鱼、油光鱼。

同种异名： *Gobius hasta* (Temminck & Schlegel, 1845); *Synechogobius ommaturus* (Temminck & Schlegel, 1845); *Acanthogobius hasta* (Temminck & Schlegel, 1845)。

形态特征： 背鳍Ⅸ～Ⅹ，19～22；臀鳍15～18；胸鳍20～22；腹鳍Ⅰ-5；尾鳍16～17。

体长形，前部粗壮呈圆筒形，后部细而侧扁。头部大而宽，常较体部为宽。吻较长，圆钝。眼小，上侧位，

眼间隔平坦。口大，前位，稍呈斜形。上颌稍长于下颌。上颌具尖牙1～2行，下颌具牙2～3行。鳃孔宽大。鳃盖膜与颊部相连。体被中大弱栉鳞，头部除颊及鳃盖骨被鳞外，其余裸露无鳞。无侧线。背鳍2个，分离；第一背鳍平放时不伸达第二背鳍起点；第二背鳍基底长，平放时不伸达尾鳍基。臀鳍与第二背鳍同形，相对。胸鳍尖圆形，下侧位。腹鳍小，左右腹鳍愈合成1吸盘。尾鳍尖长。体黄褐色或灰褐色，腹面色淡。头部有不规则的暗色斑块，颊部下缘淡色。体侧常有数个黑色斑块。背鳍有暗色点3～5纵行，尾鳍基部有一黑斑。

地理分布： 中国沿海。朝鲜半岛和日本也有分布。

生态习性： 为近海暖温性中大型底层鱼类。性凶猛，捕食各种小鱼，小虾，蟹及小型软体动物。栖息于淤泥或泥沙底质的浅海、港湾以及河口咸淡水水域，有时进入淡水。产卵期3—4月，卵产于低潮线的洞穴中。沉黏性卵，产完卵个体相继死亡。5—6月没有成鱼，6月以后捕获的是逐渐长大的当年幼鱼，冬季在低潮线以下及港湾、池塘穴居越冬。

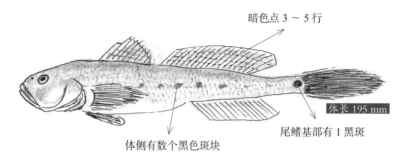

暗色点 3 ～ 5 行

体长 195 mm

尾鳍基部有 1 黑斑

体侧有数个黑色斑块

图 74　斑尾刺虾虎鱼 *Acanthogobius ommaturus*

资源现状：资源变化不大，每年都有一定的产量，是沿岸渔民地笼网及垂钓爱好者的主要捕捞对象。为主要种。

经济意义：为食用经济鱼类。在港养及养虾池内为敌害生物。

75. 矛尾虾虎鱼 (Máowěixiāhǔyú) *Chaeturichthys stigmatias* (Richardson, 1844)

别名：尖尾虾虎、矛尾鱼。

同种异名：—

形态特征：背鳍Ⅷ，Ⅰ-21 ～ 23；臀鳍Ⅰ-18 ～ 19；胸鳍 21 ～ 24；腹鳍Ⅰ-5；尾鳍 17 ～ 21。

体颇延长，前部亚圆桶形，后部侧扁，尾柄尤为细长而侧扁。头宽扁。吻钝圆。眼较小，上侧位。眼间隔平坦。口大，前位。下颌稍突出。上、下颌各具 2 行尖牙，排列稀疏。颏部有短小触须 3 ～ 4 对。鳃孔大。鳃盖膜与颊部相连。体被圆鳞，头部仅吻部无鳞，其余部分被小圆鳞。无侧线。背鳍 2 个，分离；第一背鳍具 8 鳍棘，平放时不伸达第二背鳍起点；第二背鳍基底长，平放时不伸达尾鳍基。臀鳍与第二背鳍相对。胸鳍宽圆，下侧位。腹鳍中大，左右腹鳍愈合成 1 吸盘。尾鳍尖长。体灰褐色，头部和背部有不规则的暗色斑纹。第一背鳍第五至第八鳍棘具 1 个大黑斑，第二背鳍鳍条上有 3 ～ 4 纵行暗褐色斑纹；尾鳍也有 4 ～ 5 条暗色弧形纹；胸鳍具暗色斑纹。

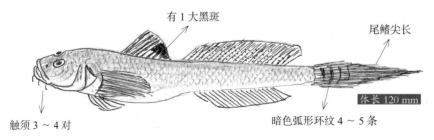

有 1 大黑斑

尾鳍尖长

体长 120 mm

触须 3 ～ 4 对

暗色弧形环纹 4 ～ 5 条

图 75　矛尾虾虎鱼 *Chaeturichthys stigmatias*

地理分布： 渤海、黄海、东海、南海北部。朝鲜半岛、日本也有分布。

生态习性： 为暖温性近岸中小型底层鱼类。栖息于近海泥沙底质浅水区。以小鱼、甲壳类、小型软体动物为食。产卵期4—7月。卵椭圆形，具附着丝。

资源现状： 近年来，由于大型经济鱼类资源的衰退，作为饵料的小型鱼类资源呈明显上升趋势。产量高。为当前鱼类中的优势种。

经济意义： 可食用，可做鱼粉。

76. 六丝钝尾虾虎鱼 (Liùsīdùnwěixiāhǔyú) *Amblychaeturichthys hexanema* (Bleeker, 1853)

别名： 钝尖尾虾虎、六丝矛尾虾虎鱼。

同种异名： *Chaeturichthys hexanema* (Bleeker, 1853)。

形态特征： 背鳍Ⅷ，14～17；臀鳍12～15；胸鳍21～23；腹鳍Ⅰ-5；尾鳍16～17。

体延长，前部略呈圆柱形，后部稍侧扁，尾部细长而侧扁。头较大，宽而平扁。吻中大，圆钝。眼大，上侧位。眼间隔窄。口大，前位。下颌稍突出。上颌具尖牙2行，下颌前部具牙3行，后部具牙2行。颏部有短小触须3对。鳃孔大。鳃盖膜与颊部相连。体被栉鳞，头部鳞小，颊部、鳃盖及项部均被鳞。背鳍2个，分离；第一背鳍具8鳍棘，平放时接近或伸达第二背鳍起点；第二背鳍平放时几乎伸达尾鳍基部。臀鳍起第二背鳍第五鳍条的下方，高度与第二背鳍相似。胸鳍尖圆，下侧位。腹鳍中大，左右腹鳍愈合成1吸盘。尾鳍钝尖形。体黄褐色，体侧常有4～5个纵列暗色斑块。第一背鳍边缘呈黑色，其他各鳍呈灰色。

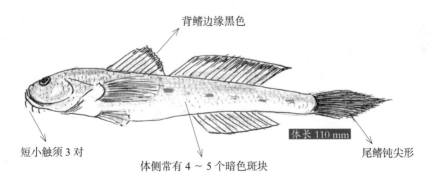

背鳍边缘黑色

短小触须3对

体侧常有4～5个暗色斑块

体长 110 mm

尾鳍钝尖形

图 76 六丝钝尾虾虎鱼 *Amblychaeturichthys hexanema*

地理分布： 渤海、黄海、东海、南海北部。朝鲜半岛和日本也有分布。

生态习性： 为暖温性近海中小型底层鱼类。以小鱼、甲壳类及小型软体动物为食。产卵期4—7月，卵椭圆形，具附着丝。

资源现状：渔获物中常与矛尾虾虎鱼混在一起，数量相对少于前种。为鱼类的主要种。

经济意义：可加工成饲料。可做鱼粉。也可食用。

77. 裸项蜂巢虾虎鱼 (Luǒxiàngfēngcháoxiāhǔyú) *Favonigobius gymnauchen* (Bleeker, 1860)

别名：裸项栉虾虎鱼。

同种异名：*Ctenogobius gymnauchen* (Bleeker, 1960)。

形态特征：背鳍Ⅵ，Ⅰ-9；臀鳍Ⅰ-9；胸鳍16～17；腹鳍Ⅰ-5；尾鳍2+17+3。

体延长，前部亚圆筒形，后部侧扁。头中大，前部宽而平扁。吻尖突。眼中大，背侧位。眼间隔狭窄，稍内凹。口斜形，前位。下颌稍长，上颌后端终止于眼前缘下方或可达瞳孔前缘下方。两颌牙细小、尖锐，上、下颌后部具牙2行，前部多行。体被中大弱栉鳞，头的吻部、颊部、鳃盖部无鳞。胸部及项裸露无鳞。无侧线。背鳍2个，第一背鳍棘软弱，雄鱼第一、第二鳍棘延长呈丝状，平放时可伸达第二背鳍起点或稍后；第二背鳍略高于第一背鳍。臀鳍与第二背鳍同形、相对。胸鳍宽大，下侧位。腹鳍长圆形，左右腹鳍愈合成1吸盘。尾鳍钝尖。体呈浅褐色，体侧有4～5个大斑点排列成1纵行。第一背鳍灰色，边缘黑色，下部具3行暗色斑点；第二背鳍灰色，边缘深色，下部具暗色斑点多行；胸鳍上角有1黑色小斑；尾鳍具多条黑色斑纹，下叶边缘黑色。

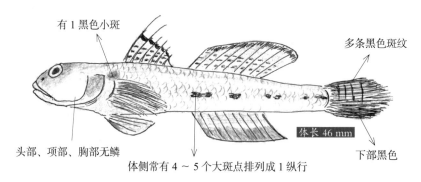

有1黑色小斑

多条黑色斑纹

头部、项部、胸部无鳞

体长 46 mm

下部黑色

体侧常有4～5个大斑点排列成1纵行

图77 裸项蜂巢虾虎鱼 *Favonigobius gymnauchen*

地理分布：中国沿海。朝鲜半岛、日本也有分布。

生态习性：为暖温性近岸小型底层鱼类，栖息于沿岸浅水区及河口泥沙底质水域。以浮游动物、底栖生物为食。产卵期4—5月。一年生，最大体长57 mm。

资源现状：数量少，为常见种。

经济意义：无食用价值。

78. 长丝犁突虾虎鱼 (Chángsīlítūxiāhǔyú) *Myersina filifer* (Valenciennes, 1837)

别名： 长丝虾虎鱼、丝鳍锄突虾虎鱼、丝虾虎鱼。

同种异名： *Cryptocentrus filifer* (Valenciennes, 1837); *Gobius filifer* (Valenciennes, 1837)。

形态特征： 背鳍VI，I-10～11；臀鳍1～9；胸鳍18～19；腹鳍I-5；尾鳍17～19。

体延长，侧扁。
头侧扁，头高大于
头宽。吻短而圆
钝。眼中大，位高，眼
间隔狭窄，稍隆
起。口大，前位。上、
下颌约等长。上颌

骨延伸达眼后缘的下方。上、下颌牙细小，尖锐，多行。上颌外行牙稍扩大，下颌最后面的一颗牙为犬牙。鳃孔大。鳃盖膜与颊部相连。体被小圆鳞，隐埋于皮下，后部鳞较大，头部和项部均无鳞。无侧线。背鳍2个，分离；第一背鳍甚高，前5棘丝状延长；第二背鳍较低，约等于体高。臀鳍起于第二背鳍第三鳍条下方，与第二背鳍同形。胸鳍宽圆。左右腹鳍愈合成1吸盘。尾鳍尖长，大于头长，末端尖圆形。体红褐色，腹部较淡。体侧有不明显的暗色横带7～8条，近背部较为明显。颊部和鳃盖有许多亮蓝色小点。第一背鳍第一至第二鳍棘间具1椭圆形黑斑，第二背鳍具3纵列暗色斑纹；臀鳍边缘暗黑色；尾鳍上部具6条淡色横纹。

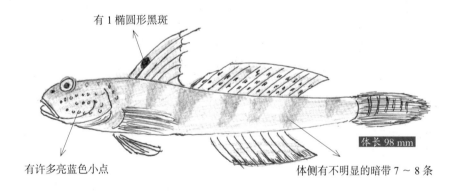

有1椭圆形黑斑

有许多亮蓝色小点

体长98 mm

体侧有不明显的暗带7～8条

图78 长丝犁突虾虎鱼 *Myersina filifer*

地理分布： 中国沿海。朝鲜半岛、日本也有分布。

生态习性： 为暖温性近岸小型底层鱼类，栖息于沿岸泥沙底质海区。杂食性，以藻类和底栖动物为食。

资源现状： 在秋末冬初秦皇岛近海捕获的小杂鱼中，经常见到。为常见种。

经济意义： 无食用价值。

79. 髭缟虾虎鱼 (Zīgǎoxiāhǔyú) *Tridentiger barbatus* (Günther, 1861)

别名：钟馗虾虎鱼、髭虾虎。

同种异名：*Triaenophorichthys barbatus* (Günther, 1861); *Triaenopogon barbatus* (Günther, 1861)。

形态特征：背鳍Ⅵ，Ⅰ-10；臀鳍Ⅰ-9～10；胸鳍21～22；腹鳍Ⅰ-5；尾鳍18～19。

体粗壮，前部圆筒形，后部侧扁，尾柄颇高。头大而宽，略扁平，吻部短且宽，前端钝圆。眼小，上侧位。眼间隔宽，平坦。口宽大，前位。头部有许多触须，呈穗状排列。上、下颌各具须1行，稍后方具触须1行，向后延伸至颊部。下颌腹面具须2行。眼后至鳃盖上方具小须2簇。颊部宽大。鳃盖膜与颊部相连。体被中等大栉鳞。无侧线。背鳍2个，分离；第二背鳍与第一背鳍等高或稍高。臀鳍与第二背鳍同形。胸鳍宽圆。腹鳍略呈圆形。尾鳍短，后缘圆形。体黄褐色，腹部浅色，体侧常具5条宽阔的黑色横带。第一背鳍具2条黑色横纹，第二背鳍2～3条暗色纵纹；尾鳍灰黑色，具5～6条暗色横纹。

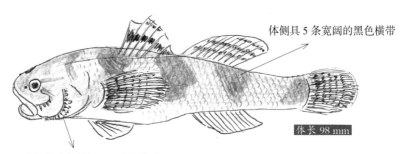

体侧具5条宽阔的黑色横带

体长 98 mm

头部有许多触须，呈穗状排列

图 79 髭缟虾虎鱼 *Tridentiger barbatus*

地理分布：中国沿海。朝鲜半岛、日本也有分布。

生态习性：为暖温性近岸及河口小型底层鱼类，主要摄食甲壳类的虾类及幼蟹。产卵期3—5月。沉黏性卵。

资源现状：在3—12月的调查中都能捕到，数量不多，为常见种。

经济意义：可食用，也是池塘对虾养殖的敌害生物。

80. 暗缟虾虎鱼 (Àngǎoxiāhǔyú) *Tridentiger obscurus* (Temminck & Schlegel,1845)

别名： 缟虾虎鱼、胖头鱼、三叉虾虎鱼。

同种异名： *Tridentiger obscurum* (Temminck & Schlegel, 1845); *Sicydium obscurum* (Temminck & Schlegel, 1845)。

形态特征： 背鳍Ⅵ，Ⅰ-10～11；臀鳍Ⅰ-9～10；胸鳍18；腹鳍Ⅰ-5；尾鳍16～18。

体长而甚粗壮，前部圆筒形,后部略侧扁。头部宽大，两颊肌肉突出。眼小，背侧位。口大，前位。上、下颌各具牙2行。头部无须。鳃孔较宽。鳃盖膜与颊部相连。体被中等大栉鳞，头部无鳞。无侧线。

背鳍2个，分离；雄性鳍棘多呈丝状延长，平放时可伸达第二背鳍中部或稍后；雌鱼的鳍棘较短。臀鳍起于第二背鳍第四鳍条下方，与第二背鳍同形。胸鳍宽圆，下侧位。腹鳍中等大，膜盖发达，左右腹鳍愈合成1吸盘。尾鳍后端圆形。体暗褐色，腹部色浅。体侧有若干条淡色细纵纹。头侧在鳃盖上有15～20个白色或浅色斑点。鳍均呈暗色；第二背鳍及臀鳍均有白色边缘；胸鳍基部有1垂直橙黄色带；尾鳍浅色。

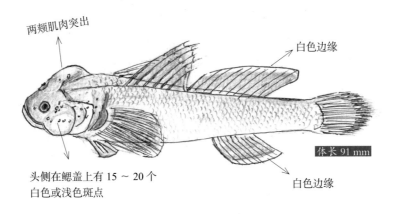

两颊肌肉突出

白色边缘

体长 91 mm

头侧在鳃盖上有15～20个白色或浅色斑点

白色边缘

图80 暗缟虾虎鱼 *Tridentiger obscurus*

地理分布： 中国沿海。朝鲜半岛、日本也有分布。

生态习性： 为近岸暖温性小型底层鱼类。喜栖息于近岸浅水，河口咸淡水区域。摄食藻类、中国毛虾、糠虾、对虾幼苗、水生昆虫、小幼鱼等。产卵期4—5月。沉黏性卵。

资源现状： 数量不多，为常见种。

经济意义： 可食用，经济价值不大。

81. 纹缟虾虎鱼 (Wéngǎoxiāhǔyú)*Tridentiger trigonocephalus* (Gill,1859)

别名：虎头鱼。

同种异名：*Triaenophorichthys taeniatus* (Günther, 1874)。

形态特征：背鳍Ⅵ，Ⅰ-11～13；臀鳍Ⅰ-9～11；胸鳍19～20；腹鳍Ⅰ-5；尾鳍17～18。

体延长，前部圆筒形，后部略侧扁。头部宽，略平扁。眼小，位置高，背侧位。口中等大，前位。两颌约等长。上、下颌各具牙2行。唇厚。头部无须。鳃孔较宽。鳃盖膜与颊部相连。体被中等大栉鳞，头部无鳞。无侧线。背鳍2个，分离；第一背鳍鳍棘弱，平放时鳍端可达第二背鳍起点；第二背鳍约与第一背鳍等高，后部鳍条较长。臀鳍起点在第二背鳍第三鳍条的下方与第二背鳍同形。胸鳍宽圆。腹鳍中等大，膜盖发达，左右愈合成1吸盘。尾鳍后端圆形。体呈灰褐色或褐色；体侧具2条黑褐色纵带，上带自吻端经眼上部，沿背鳍基底向后延伸至尾鳍；下带自眼后，经颊部于胸鳍基部上方，沿体侧中部伸延至尾基。体侧斑纹有时还具6～7条不规则横带，有时具云状斑纹。头侧散布许多白色小圆点。第一背鳍与第二背鳍各具4行暗色纵纹；臀鳍灰黑色；胸鳍灰蓝色；尾鳍浅色，具4～5条暗色横纹，基部上方有1黑斑。

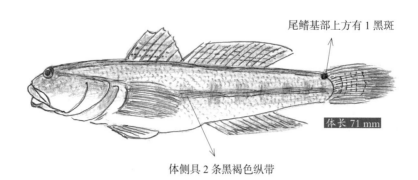

图81 纹缟虾虎鱼 *Tridentiger trigonocephalus*

地理分布：中国沿海。朝鲜半岛、日本也有分布。

生态习性：为近海暖温性小型底层鱼类。栖息于河口咸淡水及近岸浅水海域。摄食桡足类、钩虾、虾苗、水生昆虫、小幼鱼等。产卵期4—5月。沉黏性卵。

资源现状：数量不多，为常见种。

经济意义：可食用。

82. 普氏缰虾虎鱼 (Pǔshìjiāngxiāhǔyú) *Amoya pflaumi* (Bleeker,1853)

别名：普氏吻虾虎、普氏细棘虾虎鱼、条虾虎鱼。

同种异名： *Rhinogobius pflaumi* (Bleeker, 1855); *Acentrogobius pflaumii* (Bleeker, 1853); *Gobius pflaumii* (Bleeker, 1853)。

形态特征：背鳍Ⅵ，Ⅰ-9～10；臀鳍Ⅰ-10；胸鳍17～18；腹鳍Ⅰ-5；尾鳍17～18。

体长形，侧扁，尤以尾柄为最扁。头较大。吻圆钝。眼中大，上侧位。眼间隔狭窄。口中大，前位。下颌稍长，上颌后端终止于瞳孔前缘下方。上、下颌具细牙多行，下颌外行最后的牙扩大成犬牙。体被大型栉鳞。头部的颊部及鳃盖部无鳞。无侧线。背鳍2个，分离；第一背鳍鳍棘柔弱，平放时可达第二背鳍起点稍后；第二背鳍基底长，平放时不伸达尾鳍基。臀鳍起于第二背鳍第三鳍条下方，平放时不伸达尾鳍基。胸鳍长圆形。尾鳍尖圆形。体灰褐色，背面及体侧的鳞片有暗色边缘。体侧具2～3条褐色点线状纵带。鳃盖部有几个灰色小圆斑，体侧也有排列不规则的灰色斑点。第一背鳍有1黑色纵带，第二背鳍具4～5行褐色纵行点线；臀鳍外缘深色；尾鳍具数条不规则横带，基部有1暗色圆斑。

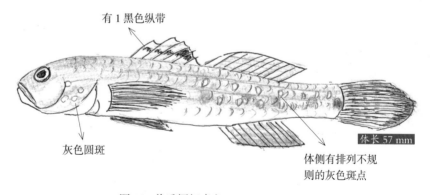

有1黑色纵带

灰色圆斑

体长 57 mm

体侧有排列不规则的灰色斑点

图 82 普氏缰虾虎鱼 *Amoya pflaumi*

地理分布：渤海、黄海、东海、南海北部。朝鲜半岛、日本也有分布。

生态习性：为暖温性近岸小型底层鱼类。生活于河口咸淡水水域。产卵期6—8月。沉性卵。

资源现状：数量不多，为常见种。

经济意义：无经济价值。

83. 七棘裸身虾虎鱼 (Qījíluǒshēnxiāhǔyú) *Gymnogobius heptacanthus* (Hilgendorf,1879)

别名： 肉犁克丽虾虎鱼、虾虎鱼。

同种异名： *Chloea sarchynnis* (Jordan & Snyder, 1901); *Chaenogobius heptacanthus* (Hilgendorf, 1879); *Gobius heptacanthus* (Hilgendorf, 1879)。

形态特征： 背鳍Ⅶ，Ⅰ-11 ～ 14；臀鳍Ⅰ-12 ～ 13；胸鳍18 ～ 21；腹鳍Ⅰ-5；尾鳍18 ～ 19。

体延长，前部圆筒形，后部侧扁。头大，侧扁。吻尖突。眼中大，上侧位。眼间隔宽，中央平坦或微凹。口大，亚端位。唇厚。体被弱栉鳞，头部、胸部及腹部前部裸露无鳞。无侧

线。背鳍2个，分离；第一背鳍鳍棘细长；第二背鳍高于第一背鳍，平放时不伸达尾鳍基。臀鳍与第二背鳍同形、相对。胸鳍尖圆形，下端位。腹鳍长圆形，左右腹鳍愈合成1吸盘。尾鳍后端圆钝。体呈灰褐色，背侧散布不规则的褐色斑点，体侧具1纵列有14 ～ 16个黑色斑块。第二背鳍具数条由黑褐色斑点组成的纵纹；臀鳍具黑褐色小点，形成黑褐色外缘；胸鳍和腹鳍浅色。

第二背鳍具数条由黑褐色斑点组成的纵纹

散布不规则的褐色斑点

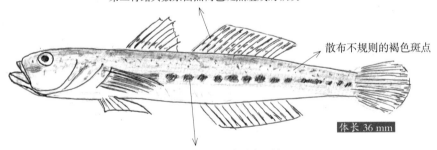

体长 36 mm

体侧具 1 列有 14 ～ 16 个黑色斑块

图 83 七棘裸身虾虎鱼 *Gymnogobius heptacanthus*

地理分布： 渤海、黄海。朝鲜半岛、日本及俄罗斯沿海也有分布。

生态习性： 为冷温性小型底层鱼类，栖息于内湾、河口咸淡水及近岸海域。

资源现状： 数量少，为偶见种。

经济意义： 个体小，无食用价值。

84. 网纹裸身虾虎鱼 (Wǎngwénluǒshēnxiāuǔyú) *Gymnogobius mororanus* (Jordan & Snyder, 1901)

别名：虾虎鱼。

同种异名：*Chaenogobius mororanus* (Jordan & Snyder, 1901); *Chloea mororana* (Jordan & Snyder, 1901)。

形态特征：背鳍Ⅶ，Ⅰ-12 ~ 14；臀鳍Ⅰ-11 ~ 14；胸鳍 21 ~ 23；腹鳍Ⅰ-5；尾鳍 20。

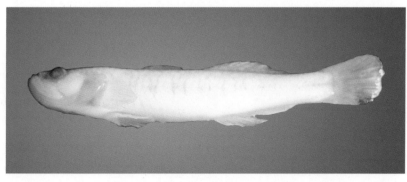

体延长，前部亚圆筒形，后部稍侧扁。头中等大，前部稍平扁。吻圆钝。眼大，上侧位。眼间隔中央微凹。口大，亚端位。下颌突出。上、下颌具绒毛状细牙，排列成 1 齿带。唇厚。体被弱小栉鳞，头部、胸部及腹部前部裸露无鳞。无侧线。背鳍 2 个，分离；第一背鳍鳍棘弱；第二背鳍高于第一背鳍，平放时不达尾鳍基。臀鳍与第二背鳍同形、相对。胸鳍圆形下侧位。腹鳍尖圆形，左右腹鳍愈合成 1 吸盘。尾鳍后端圆截形。体淡褐色，背部和体上部具暗色网状花纹，散布许多黑色小点。

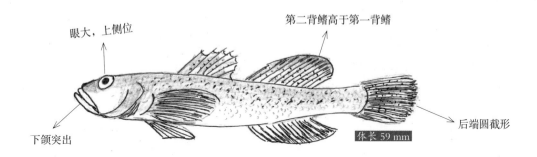

图 84　网纹裸身虾虎鱼 *Gymnogobius mororanus*

地理分布：渤海、黄海。朝鲜半岛、日本及俄罗斯沿海也有分布。

生态习性：为冷温性小型底层鱼类。栖息于河口咸淡水及沿岸内湾水域。

资源现状：数量少，仅在潮间带洼地有少量分布，为偶见种。

经济意义：个体小，无食用价值。

85. 中华栉孔虾虎鱼 (Zhōnghuázhìkǒngxiāhǔyú) *Ctenotrypauchen chinensis* (Steindachner, 1867)

别名：凹鳍孔虾虎鱼、红虫。

同种异名：*Trypauchen taenia* (Koumans, 1953)。

形态特征：背鳍Ⅵ-50 ～ 58；臀鳍42 ～ 50；胸鳍14 ～ 15；腹鳍Ⅰ-4；尾鳍16 ～ 18。

体颇延长，呈带状，侧扁。头短，侧扁，头后中央具1纵隆起顶嵴。头侧具感觉孔突，不形成线状排列。吻短，圆钝。眼甚小，几乎埋于皮下。口小，

上、下颌各具2行向内弯曲的小牙。鳃盖上方具有1凹陷。体被小圆鳞，头部和项部裸露无鳞，胸部和腹部有分散的小鳞。无侧线。背鳍连续，鳍棘部与鳍条相连，背鳍后部鳍条与尾鳍相连。臀鳍始于背鳍第六、第七鳍条下方，后部鳍条与尾鳍相连。胸鳍小，中部鳍条凹入。腹鳍小，左右腹鳍愈合成1吸盘。尾鳍尖圆形。体呈紫色或蓝褐色。

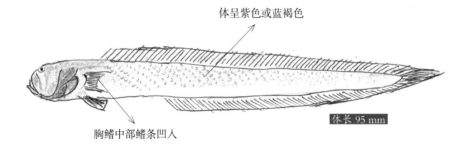

体呈紫色或蓝褐色

体长 95 mm

胸鳍中部鳍条凹入

图 85　中华栉孔虾虎鱼 *Ctenotrypauchen chinensis*

地理分布：中国沿海的特有种。

生态习性：为暖温性沿岸小型底栖鱼类。栖息于内湾、近岸滩涂、河口咸淡水区域，多在泥沙中筑穴。产卵期7—8月。附着性卵。

资源现状：在近海作业的渔获物中，经常见到，数量不多。为常见种。

经济意义：无食用价值，多用于鸡鸭饲料。

86. 小头副孔虾虎鱼 (Xiǎotóufùkǒngxiāhǔyú) *Paratrypauchen microcephalus* (Bleeker, 1860)

别名：小头栉孔虾虎鱼。

同种异名：*Ctenotrypauchen microcephalus* (Bleeker, 1860); *Trypauchen microcephalus* (Bleeker, 1860); *Ctenotrypauchen barnardi* (Hora, 1926)。

形态特征： 背鳍Ⅵ-47～54；臀鳍43～49；胸鳍15～17；腹鳍Ⅰ-4～5；尾鳍16～18。

体延长，呈带状，侧扁。背缘和腹缘几乎平直。头短而高，侧扁，头后中央具1纵隆起顶嵴，顶嵴边缘具细小锯齿。头侧具许多分散的感觉孔

突。吻短而钝。眼极小，侧上位，几乎埋于皮下。口小，上、下颌各具2～3行向内弯曲的小牙。鳃孔中等大，鳃盖上方具有1凹陷。体被细小圆鳞，头部、项部、胸部和腹部裸露无鳞。无侧线。背鳍、臀鳍、尾鳍相连。胸鳍短小，中部凹入。腹鳍小，愈合成吸盘，后缘具1缺刻。尾鳍尖圆形。体呈淡紫红色，幼体红色。

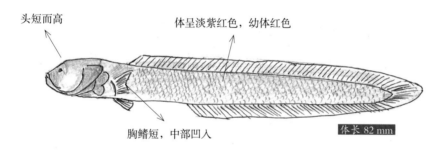

图 86　小头副孔虾虎鱼 *Paratrypauchen microcephalus*

地理分布： 中国沿海的特有种。

生态习性： 为暖水性沿岸小型底栖鱼类。栖息于内湾、近岸滩涂、河口咸淡水区域，多在泥沙中筑穴。产卵期7—8月。附着性卵。

资源现状： 在近海作业的渔获物中，经常见到，数量不多。为常见种。

经济意义： 无食用价值，多用于鸡鸭饲料。

87. 拉氏狼牙虾虎鱼　(Lāshìlángyáxiāhǔyú) *Odontamblyopus lacepedii* (Temminck & Schlegel, 1845)

别名： 红狼牙虾虎鱼、狼条、钢条、狼虾虎。

同种异名： *Amblyopus lacepedii* (Temminck & Schlegel, 1845); *Amblyopus sieboldi* (Steindachner, 1867)。

形态特征： 背鳍Ⅵ-38～40；臀鳍Ⅰ-37～41；胸鳍31～34；腹鳍Ⅰ-5；尾鳍15～17。

体颇延长，侧扁，呈带状。头中大。吻部短，稍突出。眼极小，退化，埋于皮下。眼间隔宽，圆凸。口大，前位，下颌稍长于上颌，下颌稍突出。上颌牙尖锐，弯曲，犬牙状，外行牙每侧4～6颗，

排列稀疏，露出唇外。体裸露光滑，鳞片退化。无侧线。背鳍连续，鳍棘细弱，背鳍后端有膜与尾鳍相连。臀鳍与背鳍同形、相对，后部鳍条有膜与尾鳍相连。胸鳍尖圆，基部较宽。腹鳍大，左右腹鳍愈合成1尖长吸盘。

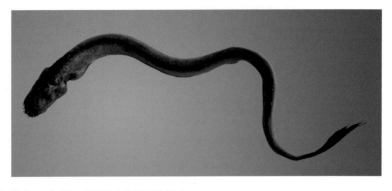

尾鳍长尖形。体呈淡红色或灰紫色。背鳍、臀鳍和尾鳍黑褐色。

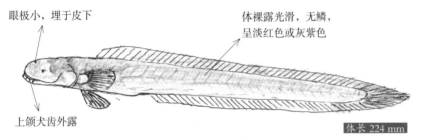

眼极小，埋于皮下

体裸露光滑，无鳞，呈淡红色或灰紫色

上颌犬齿外露

体长 224 mm

图 87　拉氏狼牙虾虎鱼 Odontamblyopus lacepedii

地理分布：中国沿海。印度－西太平洋海域也有分布。

生态习性：为暖温性沿岸中小型底栖鱼类。栖息于近岸、内湾、滩涂、河口咸淡水泥沙底质水域，在泥沙中钻穴。摄食沙蚕、底栖小型无脊椎动物和小型石首鱼科鱼类及虾虎鱼。1龄鱼体长 110～181 mm，2龄鱼体长 162～260 mm。产卵期 7—9 月。附着性卵。

资源现状：在河北西部近海有一定产量。为主要种。

经济意义：可食用。有一定的经济价值。

88. 弹涂鱼　(Tántúyú) Periophthalmus modestus (Cantor,1842)

别名：泥猴、跳跳鱼。

同种异名：Cyprinus cantonensis (Osbeck, 1765)。

形态特征：背鳍XII～XIV，I-12～14；臀鳍I-11～13；胸鳍14～15；腹鳍I-5；尾鳍15～16。

体延长，侧扁，背缘平直。头部颇大，较体部为宽。吻部甚短，前端钝，背面高起。眼小，位于头的前部，位高，上缘突出于头的背面。口宽大，前位。两颌牙各1

行。体被小圆鳞。无侧线。背鳍2个，分离；第一背鳍较高，扇形，平放时可伸达第二背鳍起点；第二背鳍鳍基较长。臀鳍基长，与第二背鳍同形。胸鳍尖圆，基部肌肉发达，呈臂状肌柄。左右腹鳍愈合成1心形吸盘。尾鳍圆形。体呈灰褐色，体侧中央若干褐色小斑点。第一背鳍黑紫色，边缘白色；第二背鳍色稍浅，亦有1黑色纵带，边缘白色；臀鳍浅褐色，边缘白色；胸鳍黄褐色；尾鳍褐色，鳍条具暗斑。

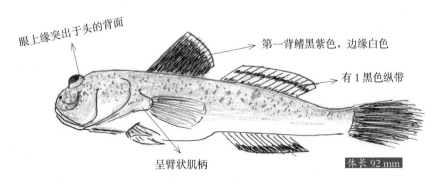

图 88　弹涂鱼 *Periophthalmus modestus*

地理分布：中国沿海。朝鲜半岛、日本也有分布。

生态习性：为沿岸暖温性小型底栖鱼类。栖息于淤泥或泥沙底质的高潮带，或咸淡水的近岸滩涂，有时也进入淡水。适温性、适盐性广，洞穴定居。能用胸鳍在滩涂上爬行及跳动，离开水面时可利用皮肤呼吸。主要摄食底栖硅藻，也吃蓝藻、绿藻及沙蚕、桡足类、昆虫。在河口区还能摄食轮虫、枝角类、绿豆蝇等。

资源现状：在河口区有少量分布，为常见种。

经济意义：肉味鲜美，营养价值高。

（四十一）魣科 Sphyraenidae

89. 油魣 (Yóuyú) *Sphyraena pinguis* (Günther,1874)

别名：尖嘴梭、香梭。

同种异名：—

形态特征：背鳍Ⅴ，Ⅰ-9；臀鳍Ⅱ-9；胸鳍13～15；腹鳍Ⅰ-5；尾鳍17。

体呈纺锤形，背缘和腹缘浅弧形，尾柄较粗。头长而尖，背视呈三角形。吻长，前端尖。眼大，上侧位。眼间隔稍宽。鼻孔每侧2个。

口大，微倾斜，下颌长于上颌。两颌及腭骨上均有牙，上颌前端具3对犬牙，两侧各有细尖牙1行；下颌前端具1对犬牙，两侧各有1行尖牙。鳃盖骨后上方具5扁棘。体被中等大圆鳞，头部除颊部被细鳞外皆裸露。侧线明显，位高。背鳍2个；第一背鳍具5鳍棘，可收折于背沟中；第二背鳍与臀鳍相似，起点稍前于臀鳍。胸鳍较小。腹鳍位于胸鳍后下方。尾鳍分叉。体上部暗褐色，腹部银白色。尾鳍后缘黑色。

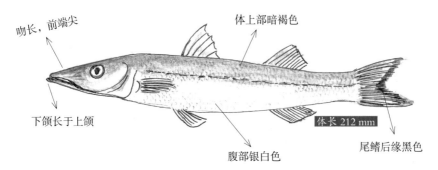

吻长，前端尖
体上部暗褐色
下颌长于上颌
体长 212 mm
腹部银白色
尾鳍后缘黑色

图 89　油䲗 *Sphyraena pinguis*

地理分布：中国沿海。朝鲜半岛、日本、菲律宾及非洲东部沿海也有分布。

生态习性：为暖水性中，下层大中型洄游性鱼类。性凶猛，肉食性，以小鱼、甲壳类、头足类为食。6月出现在渤海西部近海，产卵期7—8月。浮性卵。10—11月离开该海域，游向黄海海域越冬。

资源现状：数量不多，为常见种。

经济意义：可食用，有一定的经济价值。

（四十二）带鱼科 Trichiuridae

90. 小带鱼 (Xiǎodàiyú) *Eupleurogrammus muticus* (Gray,1831)

别名：小带。

同种异名：*Trichiurus muticus* (Gray, 1831)。

形态特征：背鳍Ⅲ-125～132；臀鳍97～106；胸鳍10～12。

体长侧扁呈带状。尾呈鞭状。头狭长，侧扁，前端尖突。吻尖长。眼中大，侧上位。眼间隔稍圆凸。口大，略呈浅弧形。下颌向前突出。上颌骨向后延长，末端伸达眼前缘

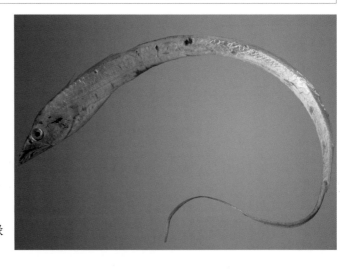

下方。牙大，侧扁而尖，排列稀疏。上颌前端具尖锐钩状犬牙1～2对，两侧各具扁犬牙6～10颗；下颌前端具1对犬牙，闭口时露出上颌外，两侧各具8～9颗扁尖牙。体光滑无鳞。侧线1条几呈直线状，在胸鳍上方无明显弯曲。背鳍起始于前鳃盖骨上方，沿背缘伸达尾部后方。臀鳍起点在背鳍第三十四至第三十六鳍条下方，起点处无鳍棘，仅具分离棘尖，棘尖端外露。胸鳍小，侧下位。腹鳍退化，仅具1对很小的鳞片状突起。无尾鳍。体银白色，各鳍浅灰色，尾呈黑色。

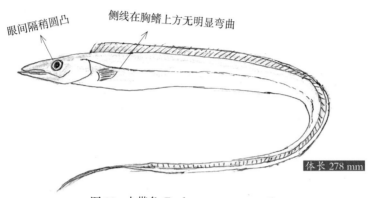

图 90　小带鱼 *Eupleurogrammus muticus*

地理分布：中国沿海。印度洋、朝鲜半岛及印度尼西亚也有分布。

生态习性：为近海暖温性中下层洄游性小型鱼类。摄食乌贼、端足类、小杂鱼的幼鱼和小型甲壳类。5月出现在渤海西部海域。产卵期6—8月。浮性卵。10—11月离开近海洄游向黄海北部海域越冬场。

资源现状：数量不多，为常见种。

经济意义：体小，肉薄，经济价值不大。

91. 日本带鱼　(Rìběndàiyú) *Trichiurus japonicus* (Temminck & Schlegel,1844)

别名：刀鱼、白带鱼、带鱼、大带鱼。

同种异名：—

形态特征：背鳍Ⅲ－134～148；臀鳍Ⅰ，105～116；胸鳍11～12。

体侧扁呈带状。尾细长而尖，末端形成鞭状。头较短，侧扁，前端尖突。吻尖长。眼中大，侧上位。眼间隔宽而平坦。口大，平直。下颌突出。牙强大，侧扁而尖。上颌前端具倒钩状大犬牙2对，口闭时嵌入下颌凹窝内，下颌前端具犬牙1～2对，较上颌的小，口闭时露出

口外。体光滑无鳞。侧线 1 条，完全，起始于头后，在胸鳍上方，由背侧显著向下弯曲，折向腹侧，沿腹缘向后直达尾端。背鳍基底长，起始于前鳃盖骨后缘上方，沿背缘伸达尾端。臀鳍始于背鳍第四十一至第四十三鳍条下方，第一鳍棘呈短棘状，强而显著。胸鳍侧下位，短尖。无腹鳍。尾鳍消失。体银白色，吻尖、头背部及尾柄鞭尾部黑色。

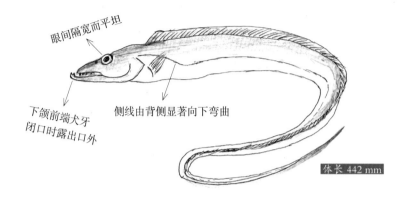

眼间隔宽而平坦

下颌前端犬牙
闭口时露出口外

侧线由背侧显著向下弯曲

体长 442 mm

图 91　日本带鱼 *Trichiurus japonicus*

地理分布：中国沿海。南非、印度、红海、印度尼西亚、澳大利亚、菲律宾、朝鲜半岛、日本均有分布。

生态习性：为暖温性中下层洄游性鱼类。性凶猛。肉食性。以鱼、虾、乌贼等为食。5—6 月进入渤海产卵。浮性卵。10—11 月游离渤海，洄游到黄海中南部海域越冬。

资源现状：自 20 世纪 60 年代带鱼资源大幅下降后，资源量每况愈下，每年进入渤海产卵带鱼数量稀少，为偶见种。

经济意义：为重要的经济鱼类。

（四十三）鲭科 Scombridae

92. 日本鲭　(Rìběnqīng) *Scomber japonicus* (Houttuyn,1782)

别名：白腹鲭、日本鲐、鲐鱼、鲐巴鱼、青花鱼。

同种异名：*Pneumatophorus japonicus* (Houttuyn, 1782)。

形态特征：背鳍Ⅸ，Ⅰ-11，小鳍5；臀鳍Ⅰ，Ⅰ-11，小鳍5；胸鳍19；腹鳍Ⅰ-5；尾鳍17。

体呈纺锤形，稍侧扁，背、腹缘皆钝圆；尾柄短而细，尾鳍基两侧各有小隆起嵴 2 条。头大，近圆锥形，略侧扁。眼大，上侧位，具发达的脂眼睑。眼间隔

宽而平。口大，倾斜，上、下颌等长。上颌骨后端达眼中部下方。两颌牙细小，各1行。体被细小圆鳞，胸鳍附近较大；头部除后头、颊部及鳃盖被鳞，余皆裸露。侧线完全。背鳍2个，分离远；第一背鳍鳍棘弱；第二背鳍与臀鳍相对，其后各有小鳍5个。胸鳍短。腹鳍位于胸鳍后下方。尾鳍分叉深。体背部青蓝色，体侧上方有深蓝色不规则斑纹。头顶黑色，两侧黄褐色。腹部银白色或淡黄色。背鳍、胸鳍及尾鳍灰褐色。

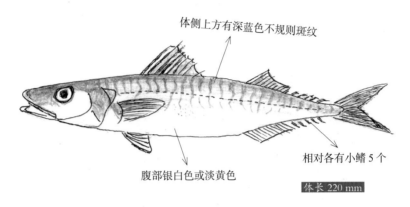

图 92　日本鲭 *Scomber japonicus*

地理分布：中国沿海。朝鲜半岛、日本、俄罗斯远东海区也有分布。

生态习性：为暖水性中上层洄游性鱼类。喜集群，有趋光性和垂直移动现象。主要摄食糠虾，其次是桡足类，还有褐虾、乌贼、鳀鱼、玉筋鱼、天竺鲷等。6月到达渤海西部海域，产卵期6—7月。浮性卵。当年幼鱼体长可达90～100 mm。9—10月返回黄海中南部海域越冬场。

资源现状：在20世纪的六七十年代，鲅鱼流网兼捕，有一定的产量，但量不大。近年来数量少了很多，为常见种。

经济意义：为食用经济鱼类。

---

93. 蓝点马鲛　(Lándiǎnmǎjiāo) *Scomberomorus niphonius* (Cuvier, 1832)

别名：日本马鲛、鲅鱼、燕鱼、蓝点鲅。

同种异名：*Sawara niphonia* (Cuvier, 1832); *Cybium gracile* (Günther, 1873); *Cybium niphonium* (Cuvier, 1832)。

形态特征：背鳍 XIX ～ XX，15 ～ 17，小鳍 8 ～ 9；臀鳍 17 ～ 18，小鳍 8 ～ 9；胸鳍 20 ～ 22；腹鳍 I -5；尾鳍 20。

体延长，侧扁。尾柄细，尾鳍基两侧各有3隆起嵴。头较大。吻尖长。眼较大，侧位。眼间隔宽

凸。口大，前位，倾斜。下颌稍长于上颌。上颌末端伸达眼后缘下方。上、下颌牙各1行，侧扁而尖锐，排列稀疏。体被细小圆鳞，易脱落。侧线高位，起于鳃盖后上角，呈不规则波浪状。背鳍2个，稍分离；第一背鳍鳍棘细弱，部分可褶藏于背鳍浅沟内；第二背鳍与臀鳍同形，前部鳍条稍长，其后各有8～9个小鳍。尾鳍分叉。体背部铅蓝色，新鲜时带黄绿色光泽。腹部银白色。体侧中央有数列不规则的暗色斑点。背鳍末端黑色，腹鳍、臀鳍黄色，胸鳍、尾鳍灰褐色。

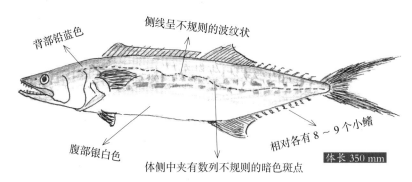

背部铅蓝色
侧线呈不规则的波纹状
腹部银白色
相对各有8～9个小鳍
体侧中夹有数列不规则的暗色斑点
体长 350 mm

图 93 蓝点马鲛 *Scomberomorus niphonius*

地理分布： 中国沿海。朝鲜半岛、日本也有分布。

生态习性： 为近海暖温性中上层大型洄游性鱼类。性凶猛，行动敏捷，善于长距离游泳，喜集群。肉食性，主要以小型鱼类（鳀）和甲壳类为食。5月出现在渤海西部海域，产卵期5—6月。浮性卵。当年幼鱼叉长逾300 mm。9月开始移出近海，游向黄海东南部海域越冬。

资源现状： 由于捕捞过度，资源已严重衰退，春季已不能形成渔汛，但还有一定数量的鱼进入渤海产卵。秋季有鳀鱼浮拖网、对虾流网能兼捕到，大部分是当年幼鱼。有一定的产量。是经济鱼类中的优势种。

经济意义： 经济价值较高，为主要的经济食用鱼类。

（四十四）鲳科 Stromateidae

94. 银鲳 (Yínchāng) *Pampus argenteus* (Euphrasen, 1788)

别名： 镜鱼、平鱼、鲳。

同种异名： —

形态特征： 背鳍Ⅷ～Ⅹ-42～49；臀鳍Ⅴ～Ⅶ-42～47；胸鳍22～24；尾鳍18～22。

体呈卵圆形，极侧扁。背腹缘弓状弯曲大。头较小，侧扁而高。吻短钝圆。眼较小，侧上位。眼间隔凸起。口小，亚前位，上颌骨后端达瞳孔前缘下方。

两颌牙细小，各 1 行，排列紧密。体被细小圆鳞，极易脱落。头部除两颌及吻部外，全部被鳞。侧线完全，位高，呈弧形，与背缘平行。背鳍与臀鳍前有数个小鳍呈戟状，幼鱼时显著，成鱼鳍棘埋入皮肤内。背鳍与臀鳍同形，前部鳍条延长，后缘呈镰刀形。胸鳍宽大。无腹鳍。尾鳍分叉，下叶较上叶长。体背部青灰色，腹部银灰色，带银色金属光泽。各鳍浅灰色。

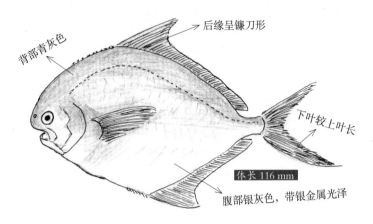

图 94　银鲳 *Pampus argenteus*

地理分布：中国沿海。俄罗斯远东、朝鲜半岛、日本等也有分布。

生态习性：暖水性中下层洄游性鱼类。早晨及黄昏时常在水的中上层活动。主要以浮游动物及小幼鱼为食。每年 5 月中、下旬出现在渤海西部海域，产卵期 5—8 月。浮性卵，当年幼鱼体长 80 ~ 95 mm。11—12 月移出近海，洄游到黄海南部海域越冬。

资源现状：主要分布在曹妃甸外海，产量不高。是经济鱼类中的优势种。

经济意义：肉肥味美，经济价值高，为名贵的食用经济鱼类。

十五、鲽形目 Pleuronectiformes

（四十五）牙鲆科 Paralichthyidae

95. 牙鲆　(Yápíng) *Paralichthys olivaceus* (Temminck & Schlegel, 1846)

别名：褐牙鲆、偏口。

同种异名：*Hippoglossus olivaceus* (Temminck & Schlegel, 1846)。

形态特征：背鳍 74 ~ 85；臀鳍 59 ~ 63；胸鳍 12 ~ 13；腹鳍 6；尾鳍 17。

体扁，呈长卵圆形。头高大于头长。两眼略小，稍凸起，位于头的左侧，上眼靠近头的背缘。口大，前位，斜裂。牙尖锐，锥形；上、下颌各具牙 1 行，左右均发达，前部各齿呈犬齿状。有眼侧被小栉鳞，无眼侧被圆鳞。左右侧线鳞同样发达。侧线前部呈弓形，侧线鳞 120 ~ 130 枚。背鳍起点约在上眼前缘附近，前部的较短，中部稍后的鳍条（第三十五至第三十六）最长，仅后部数根鳍条有分枝。臀鳍约起于胸鳍基底后端，仅后部数根鳍条分枝。腹鳍基底短小。胸鳍不等大，有眼侧略大。尾鳍后缘呈双截形。有眼侧体为灰褐色或暗褐色，在侧线直线部中央上下各具有 1 黑色亮斑点，其他处散布有暗色环纹或斑点。无眼侧体白色。各鳍淡黄色。

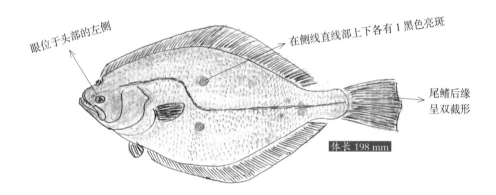

图 95　牙鲆 *Paralichthys olivaceus*

地理分布：中国沿海。朝鲜半岛、日本及俄罗斯库页岛等沿海也有分布。

生态习性：为近海暖温性底层大型鱼类。栖息于泥沙底质海域，昼伏夜出。主要以小型鱼类、贝类、头足类和甲壳类为食。5 月出现在渤海西部海域，产卵期 5—7 月。浮性卵。当年幼鱼自然海区体长约 180 mm，放流牙鲆体长可达 220 mm。幼鱼 10 月结群由近岸浅水区开始向深水区移动，12 月下旬移出近海，洄游到渤海中部深水区越冬。

资源现状：由于近年来开展了牙鲆放流，使其枯竭的资源有所恢复，但春季洄游回来的成鱼相对不多，这可能是因牙鲆移动缓慢，在越冬洄游路上被地笼网、底拖网及底挂网截捕了大量幼鱼所致。每年秋末市场上会出现很多当年牙鲆幼鱼。为经济鱼类的主要种。

经济意义：为名贵的经济鱼类。现已是工厂化养殖的主要品种。

（四十六）鲽科 Pleuronectidae

96. 赫氏高眼鲽 (Hèshìgāoyǎndié) *Cleisthenes herzensteini* (Schmidt,1904)

别名：高眼鲽、高眼、长脖。

同种异名：*Hippoglossoides herzensteini* (Schmidt, 1904)。

形态特征：背鳍 72 ~ 73；臀鳍 56 ~ 57；胸鳍 11 ~ 12；腹鳍 6；尾鳍 16 ~ 18。

体延长，呈扁纺锤形。眼大，均位于头部右侧，上眼高位于背缘。头大，头长大于头高。口大，前位，弧形，左右对称。牙小尖锐，上、下颌各具牙 1 行，下颌牙有时 2 行。鳞颇小，有眼侧大多为弱栉鳞，有时杂以圆鳞，无眼侧（左侧）体被圆鳞。侧线几近直线。侧线鳞 78 ~ 80 枚。背鳍起点偏于无眼侧，约与上眼瞳孔后缘相对。臀鳍与背鳍相对，

起点约在胸鳍基底后下方，鳍条均不分枝。胸鳍有眼侧略大。腹鳍略对称，后端不达臀鳍。尾鳍后缘圆形或略呈截形。有眼侧体褐色，无眼侧体为白色。

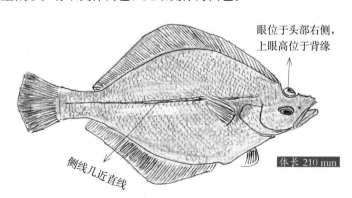

眼位于头部右侧，上眼高位于背缘

侧线几近直线

体长 210 mm

图 96　赫氏高眼鲽 *Cleisthenes herzensteini*

地理分布：渤海、黄海、东海。朝鲜半岛、日本及俄罗斯库页岛等沿海也有分布。

生态习性：为近海冷温性底层鱼类，栖息于泥沙底质的深水区。以沙蚕、小型鱼类、小型贝类、头足类和甲壳动物为食。4 月中下旬渤海西部海域出现生殖群体，产卵期 4—6 月。浮性卵。9 月开始向深水区移动，10—11 月移出渤海游向黄海北部海域越冬。

资源现状：数量不多，为常见种。

经济意义：肉质鲜美，为食用经济鱼类。

97. 石鲽 (Shídié) *Kareius bicoloratus* (Basilewsky, 1855)

别名: 石板、石镜、二色鲽。

同种异名: *Platichthys bicoloratus* (Basilewsky, 1855); *Platessa bicolorata* (Basilewsky, 1855)。

形态特征: 背鳍 66 ~ 76;臀鳍 52 ~ 57;胸鳍 11;腹鳍 6;尾鳍 17 ~ 18。

体扁,呈长卵圆形;尾柄短而高。头中大。吻较长,钝尖。眼中大,均位于头部右侧,上眼接近头背缘,上方有 1 凹下处。眼间隔稍窄。口小,前位,斜裂,左右稍对称。下颌略向前突出。牙小而扁,尖端截形,两颌各具牙 1 行,无眼侧较发达。体无鳞。有眼侧有粗糙的骨板 3 行,即沿侧线 1 行,侧线背缘和腹缘之间各有 1 行,背缘 1 行较大。无眼侧不具骨板。侧线发达,几呈直线形,前部微微高起,有 1 颗上枝,延伸至背鳍第五与第六鳍条之间。背鳍起点偏于无眼侧,稍后于上眼前缘。臀鳍始于胸鳍基底后下方,两鳍近同形,中部鳍条略长。胸鳍两侧不对称,有眼侧小刀形,稍长,无眼侧圆形。腹鳍小,位于胸鳍基部前下方,左右对称。尾鳍后缘圆截形。有眼侧体为灰褐色,粗骨板微红,体及鳍上散布有小黑斑。无眼侧体灰白色。

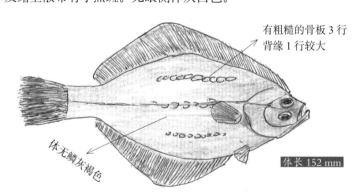

有粗糙的骨板 3 行
背缘 1 行较大

体无鳞灰褐色

体长 152 mm

图 97　石鲽 *Kareius bicoloratus*

地理分布: 渤海、黄海、东海。朝鲜半岛和日本也有分布。

生态习性: 为近海冷温性底层鱼类。喜栖息于泥沙底质海域。主要以小型虾类、贝类和多毛类等为食。3 月可见到进入渤海西部海域 1 ~ 3 龄的石鲽,产卵期 10—12 月。浮性卵。12 月后洄游到渤海深水区越冬。

资源现状: 数量不多,为偶见种。

经济意义: 为食用鱼类。

98. 亚洲油鲽 (Yàzhōuyóudié) *Microstomus achne* (Jordan & Starks, 1904)

别名：油鲽、油扁、泡鲽。

同种异名：*Veraequa achne* (Jordan & Starks, 1904)。

形态特征：背鳍 79 ～ 83；臀鳍 61 ～ 69；胸鳍 9 ～ 10；腹鳍 6；尾鳍 18 ～ 20。

体呈长卵圆形，侧扁。尾柄高而短。吻短于眼径。眼较大，两眼位于头部右侧，上眼接近头背缘，下眼前缘略前于上眼。口小，前位，左右侧不对称。无眼侧口裂稍长。下颌不突出。牙粗大，顶端略呈截形，有眼侧两颌无牙，无眼侧两颌牙各 1 行。舌很短。唇厚。头体两侧被小圆鳞，边缘鳞更小，中央鳞较大。吻与眼间隔光滑无鳞。左右侧线同样发达，侧线前部弯曲，有 1 短的颞上枝。背鳍始于上眼中间的头部背缘，鳍条大部分分枝。臀鳍始于胸鳍基底后下方，鳍条亦分枝。有眼侧胸鳍较长。腹鳍短，略对称。尾鳍后缘圆截形。有眼侧体为浅褐色，体侧有不明显的暗色大斑，侧线直线部有 3 个明显的暗色圆斑。胸鳍和尾鳍末端黑色。无眼侧体为白色。

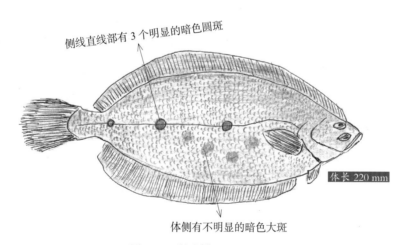

侧线直线部有 3 个明显的暗色圆斑

体侧有不明显的暗色大斑

体长 220 mm

图 98　亚洲油鲽 *Microstomus achne*

地理分布：渤海、黄海、东海。朝鲜半岛和日本也有分布。

生态习性：为冷温性底层鱼类。以端足类、蛇尾类为食。3 月少数进入渤海，产卵期 4—5 月。11 月返回黄海北部海域越冬。

资源现状：数量少，为偶见种。

经济意义：为食用经济鱼类。

99. 尖吻黄盖鲽 (Jiānwěnhuánggàidié) *Pleuronectes herzensteini* (Jordan & Snyder, 1901)

别名：赫氏黄盖鲽、黄盖、冷水板。

同种异名：*Pseudopleuronectes herzensteini* (Jordan & Snyder, 1901); *Limanda herzensteini* (Jordan & Snyder, 1901)。

形态特征：背鳍 70 ~ 77；臀鳍 54 ~ 55；胸鳍 10 ~ 11；腹鳍 6；尾鳍 18 ~ 20。

体呈长圆形，尾柄长低。头短小。吻短，略尖。眼小，均位于头部右侧，下眼前缘略前于上眼，上眼背缘紧邻头背缘，上方背缘凹下。眼间隔颇窄，稍隆起。口小，斜裂，左右侧不对称，下颌向前突出。牙小，粗壮，顶端呈截形，排列紧密，左右侧不对称；上颌在有眼侧无牙，无眼侧有牙 15 ~ 22 颗；下颌在有眼侧有牙 3 ~ 8 颗，无眼侧有牙 20 ~ 24 颗。鳞大，有眼侧大多被圆鳞，头部及体后部被栉鳞，无眼侧完全被圆鳞。各鳍鳍条均被小鳞。左右侧线均发达。背鳍起点始于无眼侧后鼻孔后方头背缘。臀鳍与背鳍相对，起点前方有 1 短棘。胸鳍有眼侧略长。腹鳍短小，略对称。尾鳍后缘略呈圆形或截形。有眼侧体呈褐色，有时散布着大小不等的暗色斑纹和淡色斑点。背鳍和臀鳍也散布有暗斑。尾鳍后部有时黑色。无眼侧体为白色。

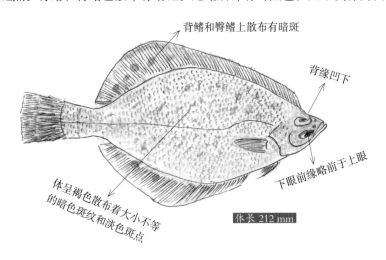

图 99 尖吻黄盖鲽 *Pleuronectes herzensteini*

地理分布：渤海、黄海、东海。朝鲜半岛、日本、俄罗斯的库页岛及千岛群岛也有分布。

生态习性：为近海冷温性底层鱼类。喜栖息于泥沙底质的海域。主要以小型甲壳类、贝类和多毛类等为食。3 月出现在渤海西部海域，产卵期 3—4 月。黏着沉性卵，12 月离开近岸海域到渤海深水区越冬。

资源现状： 20世纪六七十年代为早春开海的捕捞对象，目前数量很少，为偶见种。

经济意义： 肉质好，味鲜美。为食用经济鱼类。

---

100. 钝吻黄盖鲽 (Dùnwěnhuánggàidié) *Pleuronectes yokohamae* (Günther, 1877)

别名： 钝吻拟鲽、黄盖、沙板、冷水板。

同种异名： *Pseudopleuronectes yokohamae* (Günther, 1877)。

形态特征： 背鳍 60～73；臀鳍 51～54；胸鳍 10～12；腹鳍 6；尾鳍 20。

体为长卵圆形。尾柄长。头短小。吻短，短于眼径，前端钝尖。眼颇小，显著凸出，均位于右侧，眼间隔窄。口小，前位，斜裂，下颌突出。牙小，粗锥状，顶端呈截形，排列紧密，左右侧不对称。舌短。唇厚。有眼侧被小栉鳞，无眼侧被圆鳞。眼间隔被小栉鳞。各鳍鳍条被小鳞。左右侧线均发达，在胸鳍上方呈弯弓状；颞上支很短。侧线鳞76～78枚。背鳍起点始于无眼侧后鼻孔后方头背缘，鳍条不分枝。臀鳍与背鳍相对，起点约在胸鳍基底后下方，鳍条亦不分枝。胸鳍有眼侧略长，有眼侧小刀状，无眼侧圆形。腹鳍短小，略对称。尾鳍后缘略呈双截形。有眼侧体呈褐色，散布有暗色斑点，背鳍与臀鳍上也散布有暗斑，尾鳍后部黑色。无眼侧体为白色。

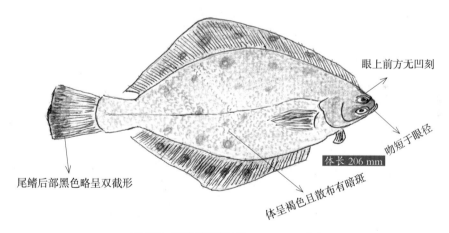

眼上前方无凹刻

吻短于眼径

体长 206 mm

尾鳍后部黑色略呈双截形

体呈褐色且散布有暗斑

图 100　钝吻黄盖鲽 *Pleuronectes yokohamae*

地理分布： 渤海、黄海、东海。朝鲜半岛、日本北海道南部及俄罗斯等沿海也有分布。

生态习性： 为近海冷温性底层鱼类，喜栖息于泥沙底质的海域。主要以小型甲壳类、贝类、头足类及多毛类为食。3月由越冬场游向近岸，产卵期3—4月。沉性卵。11月返回渤海深水区越冬。

资源现状：目前数量很少，为偶见种。

经济意义：肉质好，为食用经济鱼类。

101. 木叶鲽 (Mùyèdié) *Pleuronichthys cornutus* (Temminck & Schlegel,1846)

别名：角木叶鲽、鼓眼、砂轮。

同种异名：*Platessa cornutus* (Temminck & Schlegel, 1846); *Pleuronichthys lighti* (Wu, 1929)。

形态特征：背鳍76～83；臀鳍56～58；胸鳍11～12；腹鳍6；尾鳍19。

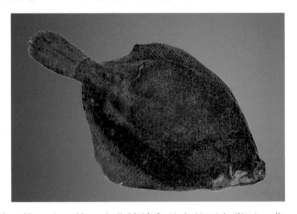

体呈卵圆形，高而扁，背腹缘凸度相似。尾柄短而高。头小，在上眼上方背缘有深凹。吻部短。眼较大，均位于头部右侧，上眼紧邻头部背缘，两眼间有棘突，两眼前后方各有短棘。口小，前位，口裂斜形，左右不对称。两颌约等长，后缘达下眼的前缘。牙细小，锥状，无眼侧两颌各有牙2～3行，有眼侧两颌无牙。唇厚。鳃孔狭而略短。体两侧均被小圆鳞。奇鳍鳍条上被小鳞。左右侧线同等发达，呈直线状，颞上枝沿背鳍基向后延伸至第三十至第四十背鳍鳍条基底的下方附近。背鳍起点于无眼侧，与上眼中部相对，鳍条不分枝。臀鳍起于胸鳍基的下方，鳍条也不分枝。有眼侧胸鳍较长。腹鳍短。尾鳍较头长，后缘圆形。有眼侧体呈灰褐色或红褐色，有许多大小不等、形状不规则的黑色斑点，有些呈云块状。鳍淡黄色，也有许多黑色斑点；无眼侧体为白色。奇鳍边缘黑褐色，偶鳍淡黄色。

两眼间有棘突

尾鳍后缘圆形

体长 160 mm

有许多大小不等、形状不规则的
黑色斑点，有些呈云块状

图 101　木叶鲽 *Pleuronichthys cornutus*

地理分布：中国沿海。朝鲜半岛和日本也有分布。

生态习性：为暖温性底层鱼类。多在泥沙底质生活。以多毛类、小型端足类、蛇尾类为食。5月进入渤海西部海域。产卵期9—11月。浮性卵。10月后向深水区移动,越冬场在黄海北部海域。

资源现状：秦皇岛外海有少量分布，为偶见种。

经济意义：为食用经济鱼类。

102. 圆斑星鲽 (Yuánbānxīngdié) *Verasper variegatus* (Temminck & Schlegel, 1846)

别名：花片、星鲽。

同种异名： *Platessa variegatus* (Temminck & Schlegel, 1846)。

形态特征：背鳍 80 ～ 87；臀鳍 59 ～ 65；胸鳍 12；腹鳍 6；尾鳍 18。

体卵圆形，侧扁。尾柄短而高。头部颇短，背面在上眼上方有 1 浅凹。吻短，吻长等于或略小于眼径。两眼位于右侧，上眼紧邻头部背缘。口中等大，近前位，斜形。下颌突出于前方，上颌后端终止于眼中部的下方。两颌齿小，钝圆锥形，左右侧同等发达；上颌有牙 2 行，下颌两侧有牙 1 行，前部 2 行。头部有眼侧被强栉鳞，无眼侧通常被圆鳞。吻及颌部光滑，奇鳍被小鳞。左右侧线同等发达，有颞上枝。侧线鳞 89 ～ 96 枚。背鳍起于上眼中央，稍偏于头的左侧（无眼侧），鳍条大多不分枝；臀鳍起于胸鳍基底的后下方，与背鳍同形，鳍条除后部者外均不分枝。有眼侧胸鳍较长，后缘呈尖圆形。腹鳍短，左右略呈对称。尾鳍后缘呈圆形。有眼侧体呈暗褐色，背鳍上有 6 ～ 7 个黑褐色圆斑，臀鳍有 5 ～ 6 个黑色圆斑，尾鳍有 4 ～ 5 个较小的斑点。无眼侧体呈白色且散布有小的黑斑。

背鳍上有 6 ～ 7 个黑褐色圆斑

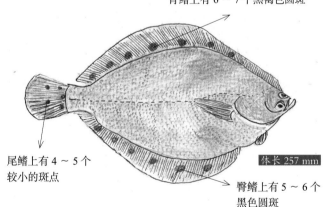

尾鳍上有 4 ～ 5 个较小的斑点

体长 257 mm

臀鳍上有 5 ～ 6 个黑色圆斑

图 102　圆斑星鲽 *Verasper variegatus*

地理分布：渤海、黄海、东海。朝鲜半岛和日本也有分布。

生态习性：为冷温性大中型底层鱼类。以甲壳动物、多毛类为食。4 月进入渤海西部海域生殖洄游，产卵期为 4 月。浮性卵。11 月移出近海在黄海中部海域越冬。

资源现状：数量少，为偶见种。

经济意义：为食用经济鱼类。

（四十七）鳎科 Soleidae

103. 带纹条鳎 (Dàiwéntiáotǎ) *Zebrias zebrinus* (Temminck & Schlegel, 1846)

别名： 条鳎、斑纹条鳎、花牛舌、花鞋底。

同种异名： *Zebrias zebra* (Bloch, 1787)；*Pleuronectes zebra* (Bloch, 1787)；*Synaptura zebra* (Bloch, 1787)。

形态特征： 背鳍 81 ～ 83；臀鳍 73 ～ 75；胸鳍 8；腹鳍 4；尾鳍 18。

体为长卵圆形。头短小。吻钝圆。眼小，位于头部右侧，眼间隔宽。口小，前位，左右不对称。口角后端止于下眼瞳孔前缘下方。无眼侧两颌牙细小，呈带状排列；有眼侧两颌无牙。体两侧均被小栉鳞，鳍基部有小鳞。侧线直，颞上支伸向头前。侧线鳞 88 ～ 91 枚。背鳍起点约在上眼前缘上方。臀鳍与背鳍相对，起点约在胸鳍基底下方。背鳍和臀鳍均与尾鳍相连，鳍条一般不分枝。胸鳍有眼侧略小。腹鳍颇小，左右几乎相等。尾鳍后缘圆形。有眼侧体为浅黄褐色，布满黑色横带，成对平行排列，且延伸至背鳍和臀鳍上，胸鳍和尾鳍黑色，且在尾鳍上散有黄色斑纹。无眼侧体白色或淡黄色。奇鳍边缘黑色。

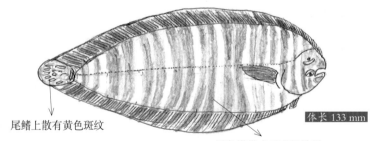

尾鳍上散有黄色斑纹

体长 133 mm

黑色横带成对平行排列，并延伸至背鳍和臀鳍上

图 103　带纹条鳎 *Zebrias zebrinus*

地理分布： 渤海、黄海、东海。马来西亚、朝鲜半岛及日本海域也有分布。

生态习性： 为近海暖温性中小型底层鱼类。栖息于沙泥底质海区。主要以小型甲壳类、沙蚕、小型贝类及头足类为食。产卵期 5—8 月。浮性卵，卵膜有网状纹。到渤海深水区越冬。

资源现状： 数量少，为偶见种。

经济意义： 可食用。

（四十八）舌鳎科 Cynoglossidae

104. 短舌鳎 (Duǎnshétǎ) *Cynoglossus abbreviatus* (Gray,1834)

别名：短吻舌鳎、短吻三线舌鳎、牛舌、鳎目、鳎板鱼。

同种异名：*Areliscus abbreviatus* (Gray, 1834)；*Plagusia abbreviata* (Gray, 1834)。

形态特征：背鳍 122 ～ 129；臀鳍 94 ～ 103；腹鳍 4；尾鳍 8。

体长舌状，侧扁且高，后部渐细。头短，高度大于长度。吻短，钝圆。吻长等于上眼到背鳍基距离。眼较小，均位于头的左侧。眼间隔略宽平，被 5 ～ 6 行小鳞。口小，口裂弧形，口角后端伸达下眼后缘下方。有眼侧两颌无牙，无眼侧两颌具绒毛状牙带。鳃孔窄长。体两侧均被中等大栉鳞。有眼侧有侧线 3 条，上中侧线间具鳞 16 ～ 20 行，中下侧线间具鳞 20 ～ 28 行。无眼侧无侧线。背鳍起点始于吻前端上方。臀鳍起点约在鳃盖后缘下方。背鳍与臀鳍鳍条均不分枝，后端均与尾鳍相连。无胸鳍。有眼侧腹鳍有膜与臀鳍相连。无眼侧无腹鳍。生殖隆起附在第一臀鳍鳍条左侧。尾鳍呈尖形。有眼侧体为褐色，奇鳍暗褐色。无眼侧体白色。

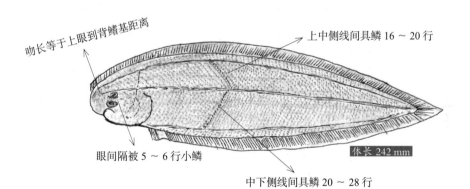

吻长等于上眼到背鳍基距离

上中侧线间具鳞 16 ～ 20 行

眼间隔被 5 ～ 6 行小鳞

体长 242 mm

中下侧线间具鳞 20 ～ 28 行

图 104　短舌鳎 *Cynoglossus abbreviatus*

地理分布：渤海、黄海、东海。朝鲜半岛及日本沿海也有分布。

生态习性：为近海暖温性较大型底层鱼类。栖息于泥沙海底。主要以多毛类和甲壳类为食。早春出现在渤海西部海域，产卵期 4—5 月。浮性卵。到渤海深水区越冬。

资源现状：秦皇岛近海有少量分布，为常见种。

经济意义：为可食用经济鱼类。

105. 窄体舌鳎 (Zhǎitǐshétǎ) *Cynoglossus gracilis* (Günther,1873)

别名： 牛舌、鳎目、鳎板鱼。

同种异名： *Areliscus gracilis* (Günther, 1873); *Cynoglossus microps* (Steindachner, 1897)。

形态特征： 背鳍 130 ～ 135；臀鳍 103 ～ 108；腹鳍 4；尾鳍 8。

体长舌状而侧扁。头较小。吻长，略钝圆，吻钩短。眼小，均在左侧，上眼后缘稍在下眼中央上方。眼间宽，被有小鳞 5 行。口小，弧形，口角后端伸达下眼后缘下方。无眼侧两颌具绒毛状细牙，呈带状排列。体两侧均被小栉鳞。除尾鳍外，各鳍均不被鳞。侧线鳞 11 ～ 13+124 ～ 136 枚。有眼侧有侧线 3 条，上中侧线间具鳞 23 ～ 25 行，上侧线至背鳍基间具鳞 7 ～ 8 行。无眼侧无侧线。背鳍起于吻端上缘。臀鳍起点约在鳃盖后缘下方。背鳍与臀鳍鳍条均不分枝，后端均与尾鳍相连。无胸鳍。有眼侧腹鳍有膜与臀鳍相连。尾鳍尖形。有眼侧体及鳍为淡褐色，奇鳍褐色。无眼侧体白色。

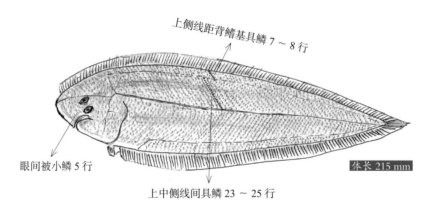

上侧线距背鳍基具鳞 7 ～ 8 行

眼间被小鳞 5 行

上中侧线间具鳞 23 ～ 25 行

体长 215 mm

图 105 窄体舌鳎 *Cynoglossus gracilis*

地理分布： 渤海、黄海、东海。朝鲜半岛及日本沿海也有分布。

生态习性： 为近海暖温性底层较大型鱼类。栖息于泥沙底质近海，有时也进入河口或淡水中。主要以甲壳动物、多毛类和软体动物为食。产卵期 5—7 月。浮性卵。一般体长 200 ～ 300 mm。到渤海深水区越冬。

资源现状： 数量少，为偶见种。

经济意义： 为食用经济鱼类。

106. 焦氏舌鳎　(Jiāoshìshétǎ) *Cynoglossus joyneri* (Günther, 1878)

别名： 短吻红舌鳎、牛舌鱼、舌鳎、鳎目。

同种异名： *Areliscus joyneri* (Günther, 1878)。

形态特征： 背鳍 114 ~ 117；臀鳍 85 ~ 89；腹鳍 4；尾鳍 9 ~ 10。

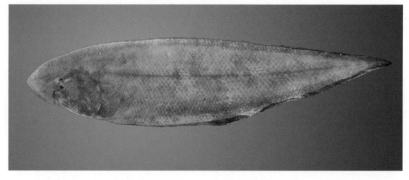

体长舌状，较窄。头较短。吻较长，吻钩短。眼较小，两眼靠近，约位于头部左侧中央。口小，口裂弧形，口角后端伸达下眼后缘下方。有眼侧两颌无牙，无眼侧两颌具绒毛状牙带。体两侧均被较大的栉鳞。除尾鳍外，各鳍上均无鳞。有眼侧有侧线 3 条，上中侧线间具鳞 11 ~ 13 行，上侧线至背鳍基间具鳞 4 行。侧线鳞 8 ~ 11+71 ~ 77 枚。无眼侧无侧线。背鳍起点始于吻端上缘。臀鳍起点约在鳃盖后缘下方。背鳍和臀鳍均与尾鳍相连。尾鳍呈尖形。有眼侧体为淡褐色，奇鳍褐色。无眼侧体白色。

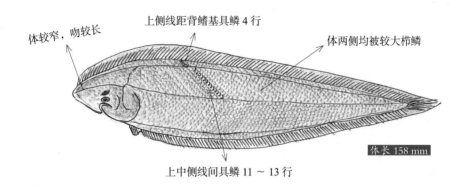

体较窄，吻较长　上侧线距背鳍基具鳞 4 行　体两侧均被较大栉鳞

体长 158 mm

上中侧线间具鳞 11 ~ 13 行

图 106　焦氏舌鳎 *Cynoglossus joyneri*

地理分布： 渤海、黄海、东海。朝鲜半岛和日本也有分布。

生态习性： 为近海暖温性小型底层鱼类。栖息于泥沙质海底。主要以甲壳动物、多毛类、小鱼和软体动物为食。在渤海终年有分布，只是做近距离的由近岸浅水区向深水区的越冬洄游。3 月出现在渤海西部海域，产卵期 5—9 月。浮性卵。由于产卵期长，幼鱼体长组成没有明显的规律性，当年产卵早的幼鱼体长可达 110 mm，产卵晚的幼鱼体长不足 30 mm。12 月后移出近海区到深水区越冬。

资源现状： 目前是渤海西部海域重要的渔业资源，为优势种。

经济意义： 肉质鲜美，为常见的食用鱼类。

107. 半滑舌鳎 (Bànhuáshétǎ) *Cynoglossus semilaevis* (Günther, 1873)

别名： 牛舌、鳎目。

同种异名： *Areliscus semilaevis* (Günther, 1873)。

形态特征： 背鳍 124 ～ 127；臀鳍 95 ～ 99；腹鳍 4；尾鳍 9。

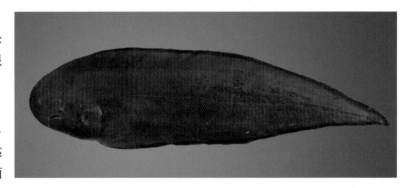

体呈长舌状，侧扁，前端钝圆，后部尖细。头较短。吻略短，钝圆。眼小，两眼位于头部左侧。眼间隔宽，平坦或微凹，被 4 行小鳞。口小，下位，口裂弧形，口角后端伸达下眼后缘下方。有眼侧两颌无齿，无眼侧两颌具绒毛状窄牙带。有眼侧被栉鳞，无眼侧被圆鳞。除尾鳍外，各鳍上均无鳞。鳞小，有眼侧有侧线 3 条，上中侧线间具鳞 22 ～ 25 行；中下侧线间具鳞 30 ～ 34 行。侧线鳞 10 ～ 13+105 ～ 106 枚。无眼侧无侧线。背鳍起点始于吻前端上缘。臀鳍起点约在鳃盖后缘下方。背鳍和臀鳍均与尾鳍相连，鳍条不分枝。无胸鳍。有眼侧腹鳍与臀鳍相连；无眼侧无腹鳍。尾鳍后缘尖形。有眼侧体为暗褐色，奇鳍褐色。无眼侧体灰白色。

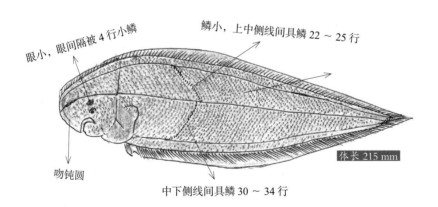

眼小，眼间隔被4行小鳞

鳞小，上中侧线间具鳞22～25行

吻钝圆

中下侧线间具鳞30～34行

体长 215 mm

图 107　半滑舌鳎 *Cynoglossus semilaevis*

地理分布： 中国沿海。朝鲜半岛及日本沿海也有分布。

生态习性： 为近海暖温性较大型底层鱼类。栖息于沙泥或泥底质海区。性温和，行动缓慢。主要以贝类和甲壳动物为食。4 月出现在渤海西部海域，产卵期 8—9 月，少数到 10 月初。浮性卵。12 月初洄游到渤海深水区越冬。

资源现状： 在渤海湾开展了小规模的人工放流，目前由过去的偶见种变为常见种。

经济意义： 为高档经济鱼类。目前已人工繁育成功，有望形成产业化养殖品种。

十六　鲀形目 Tetraodontiformes

（四十九）单角鲀科 Monacanthidae

108. 绿鳍马面鲀 (Lǜqímǎmiàntún) *Thamnaconus modestus* (Günther,1877)

别名： 马面鲀、牛皮鱼、面包鱼、扒皮鱼。

同种异名： *Navodon septentrionalis* (Günther, 1877)。

形态特征： 背鳍Ⅱ，37～39；臀鳍34～36；胸鳍13～16。

体侧扁，侧面观呈长椭圆形。体长为体高的2.7～3.4倍。头较长，背缘斜直或稍凹入。吻长尖突。眼中等大，上侧位。口小，前位。颌齿楔形，上颌齿2行，下颌齿1行。鳃孔稍大，缝状，斜列，位于眼后半部下方；其位低，大部分或几乎全部处于口裂水平线之下。鳞细小，基板上有较多细长鳞棘。背鳍2个。第一背鳍第一鳍棘较粗大，位于眼后半部上方；前、后缘分别有2行和1行倒棘。第二背鳍延长，与臀鳍同形，对位。胸鳍短。尾鳍后缘圆弧形。体蓝灰色，成鱼体上斑纹不明显。各鳍绿色。

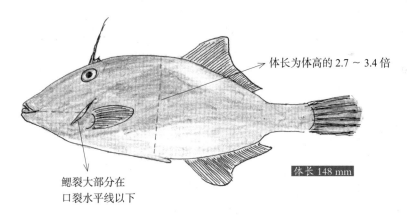

体长为体高的2.7～3.4倍

鳃裂大部分在口裂水平线以下

体长 148 mm

图 108　绿鳍马面鲀 *Thamnaconus modestus*

地理分布： 渤海、黄海、东海。朝鲜半岛和日本沿海也有分布。

生态习性： 为暖温性中下层洄游鱼类。喜集群。以浮游生物和小型底栖生物为食。5月出现在渤海西部海域，产卵期5—7月。黏着沉性卵。10月移出该海域，经黄海洄游到东海越冬。

资源现状：曾是底拖网及流刺网的主要捕捞对象之一，目前由于资源严重衰退，在调查渔获物中数量很少。为偶见种。

经济意义：去除内脏和皮后可食用。

109. 马面鲀 (Mǎmiàntún) *Thamnaconus septentrionalis* (Günther,1874)

别名：牛皮鱼、马面鱼。

同种异名：*Cantherines modestus* (Günther, 1877)。

形态特征：背鳍Ⅱ，35～38；臀鳍32～36；胸鳍13～16。

与绿鳍马面鲀极为相似，以致二者长期被认为是同种。如：第一背鳍起始于眼后半部上方，鳃孔在眼后半部下方。二者体色斑纹也大体相同。二者的区别在于本种体较高，体长为体高的2～2.5倍；鳃孔大部分处于口裂水平线之上。

地理分布：渤海、黄海、东海。朝鲜半岛和日本沿海也有分布。

生态习性：为暖温性中下层鱼类。喜集群。杂食性，以浮游生物和小型底栖生物为食。5月出现在渤海西部海域，产卵期5—7月。黏着沉性卵。10月移出该海域经黄海洄游到东海越冬。

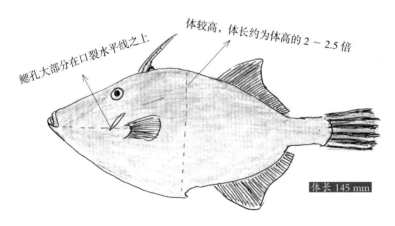

图 109 马面鲀 *Thamnaconus septentrionalis*

资源现状：数量不多，为常见种。

经济意义：可食用，有一定的经济价值。

（五十）鲀科 Tetraodontidae

110. 铅点东方鲀 (Qiāndiǎndōngfāngtún) *Takifugu alboplumbeus* (Richardson, 1845)

别名： 铅点多纪鲀、艇巴、蜡头、铅点圆鲀。

同种异名： *Tetrodon alboplumbeus* (Richardson, 1845)；*Fugu alboplumbeus* (Richardson, 1845)。

形态特征： 背鳍 12 ~ 14；臀鳍 10 ~ 11；胸鳍 15 ~ 16；尾鳍 11。

体亚圆筒形，前部较粗圆，向后渐细狭。头中大。吻圆钝。眼较小。鼻孔每侧 2 个，鼻瓣呈卵圆形凸起。口小，前位。上、下颌各具 2 个喙状齿板，中央骨缝显著。唇发达，细裂。鳃孔中大，浅弧形。头部及体背、腹面均密

被小刺，背刺区与腹刺区连接成一片。侧线发达，上侧位，至尾部下弯于尾柄中部。体侧皮褶发达。背鳍略呈镰刀形，始于肛门后上方。臀鳍与背鳍同形。胸鳍宽短，近方形。尾鳍截形。头及体背侧面茶褐色，散布着大小不一的淡绿色圆斑，圆斑边缘黄褐色，形成网纹。体侧中下方黄色，腹面乳白色。在眼间部、头后部、胸鳍后上方的背部、背鳍前方和基部两侧及尾柄上具 6 条黑褐色横纹。体侧在胸鳍上方有 1 黑斑，但不显著，背面 1 横带将两侧胸斑连接。尾鳍后端灰褐色，其余各鳍浅黄色。

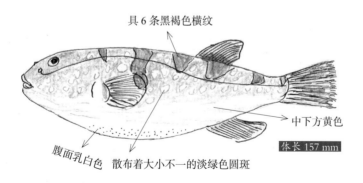

具 6 条黑褐色横纹

中下方黄色

体长 157 mm

腹面乳白色　散布着大小不一的淡绿色圆斑

图 110　铅点东方鲀 *Takifugu alboplumbeus*

地理分布： 中国沿海。朝鲜半岛、日本、印度尼西亚沿海也有分布。

生态习性： 为近海暖温性中小型底层鱼类。摄食虾类、蟹类、小型鱼类、多毛类和贝类。产卵期 5—6 月。黏着沉性卵。11 月后返回黄海中部海域越冬场。

资源现状： 数量少，为偶见种。

经济意义： 体内含河豚毒素，经过专门处理后可食用，否则误食非常危险。可提取河豚毒素。

111. 菊黄东方鲀 (Júhuángdōngfāngtún) *Takifugu flavidus* (Li, Wang & Wang, 1975)

别名：菊黄多纪鲀、艇巴、蜡头、河豚。

同种异名：*Fugu flavidus* (Li,Wang & Wang, 1975)。

形态特征：背鳍 15 ～ 16；臀鳍 13 ～ 14；胸鳍 17 ～ 18；尾鳍 1+8+2。

体亚圆筒形，头胸部较粗圆，后部渐侧扁。头中大，钝圆，前额骨略呈三角形。吻中长，圆钝。眼较小，上侧位。眼间隔宽，稍圆突。口小，前位。上、下颌牙呈喙状，上、下颌骨与牙愈合，形成 4 个大牙板，中央骨缝显著。唇发达，两端向上弯曲。鳃孔中大。体背面自眼前缘上方至背鳍起点稍前方以及腹面自眼前缘下方至肛门稍前方均被较强小刺，背刺区与腹刺区分离。吻部、体侧和尾柄光滑无刺。侧线发达。体侧皮褶发达。背鳍 1 个，后位，镰刀状，与臀鳍相对，同形。胸鳍宽短。无腹鳍。尾鳍截形。体背面棕褐色，腹面乳白色，体侧下缘有 1 橙黄色宽阔纵带。小个体的背侧散布有白色斑点，随个体长大斑点逐渐模糊消失。胸鳍附近体侧有 1 黑斑，大部为胸鳍所盖，外围菊花状白缘，此黑斑在大个体变为狭长斑或散斑，胸鳍基底内外侧常各具 1 小黑斑。成鱼背鳍和胸鳍棕褐色，具黑色边缘；幼鱼背鳍黄褐色，胸鳍浅黄色。

有 1 黑斑外围有菊花状白缘

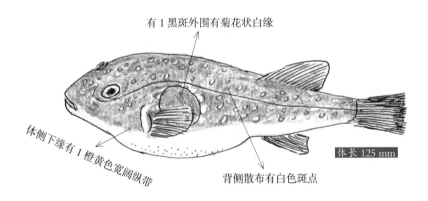

体侧下缘有 1 橙黄色宽阔纵带

体长 125 mm

背侧散布有白色斑点

图 111　菊黄东方鲀 *Takifugu flavidus*

地理分布：渤海、黄海、东海。朝鲜半岛也有分布。

生态习性：为近海暖温性小型底层鱼类。也进入河口咸淡水区。主要以软体动物、多毛类、甲壳类、小鱼等为食。产卵期 5 — 6 月。黏着沉性卵。10 月下旬移出近海，返回黄海北部海域越冬场。

资源现状：在 20 世纪七八十年代有一定产量，主要分布在滦河口渔场。近年来数量减少，为常见种。

经济意义：可提取河豚毒素。经过专门加工后，肉可食用，肉质鲜美，但误食很危险。

112. 星点东方鲀 (Xīngdiǎndōngfāngtún) *Takifugu niphobles* (Jordan & Snyder,1901)

别名：黑点多纪鲀、艇巴、蜡头、河鲀。

同种异名：*Fugu niphobles* (Jordan & Snyder, 1901); *Spheroides niphobles* (Jordan & Snyder, 1902)。

形态特征：背鳍 12 ~ 14；臀鳍 10 ~ 12；胸鳍 14 ~ 16；尾鳍 1+8+2。

体长圆筒形，头胸部较粗圆，向后渐狭小。头中大，钝圆。吻钝圆。眼中大，上侧位。眼间隔宽，稍圆凸。口小，前位。上、下颌具 2 个喙状齿板，中央缝显著。唇发达，细裂，下唇较长，两端向上弯曲。

体背面自鼻孔后缘上方至背鳍起点稍前方以及腹面自鼻孔前缘下方至肛门稍前方均被强小刺，背刺区与腹刺区分离。吻部、体侧和尾柄光滑无刺。侧线发达。体侧皮褶发达。背鳍 1 个，后位，与臀鳍相对，同形。胸鳍宽短，近方形。无腹鳍。尾鳍宽大，后缘稍圆。体草绿或褐绿，腹面白色，背侧面散布很多乳白色斑点，体侧皮褶浅黄色。胸鳍后上方体侧有 1 黑斑。背鳍基底有 1 黑色大斑。胸鳍、背鳍和尾鳍黄色，尾鳍后缘橙黄色，臀鳍浅黄色。

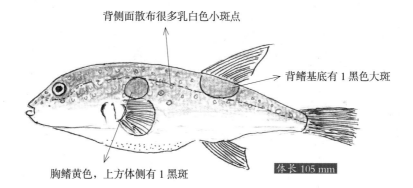

背侧面散布很多乳白色小斑点

背鳍基底有 1 黑色大斑

胸鳍黄色，上方体侧有 1 黑斑

体长 105 mm

图 112 星点东方鲀 *Takifugu niphobles*

地理分布：渤海、黄海、东海。朝鲜半岛和日本沿海也有分布。

生态习性：为近海暖温性中小型底层鱼类，栖息于沿海海藻丛生环境，也进入河口咸淡水水域。主要以软体动物、多毛类、甲壳类、小鱼等为食。5 月进入渤海西部海域，产卵期 5—6 月。沉性卵。11 月后移出近海返回黄海中部海域越冬。

资源现状：数量少，为偶见种。

经济意义：体内含河豚毒素，误食很危险。可提取河豚毒素。

113. 假睛东方鲀 (Jiǎjīngdōngfāngtún) *Takifugu pseudommus* (Chu,1935)

别名： 假睛多纪鲀、中华多纪鲀、中华东方鲀、细斑东方鲀、黑鳍东方鲀、黑艇巴、艇巴鱼。

同种异名： *Takifugu chinensis* (Abe, 1949); *Takifugu punctatus* (Chu & Hsu, 1963); *Lagocephalus pseudommus* (Chu, 1935).

形态特征： 背鳍 16 ～ 17；臀鳍 15 ～ 17；胸鳍 16 ～ 18；尾鳍 1+8+2。

体亚圆筒形，头胸部较粗圆，向后渐狭小。头中大，钝圆。吻圆钝。眼小，上侧位。眼间隔宽，稍圆凸。口小，前位。上、下颌各具 2 个喙状齿板，中央骨缝显著。唇发达。鳃孔中大，浅弧形，位于胸鳍基底前方。体背面自鼻孔后方至背鳍起点稍前方以及腹面自鼻孔下方至肛门稍前方均被较强小刺，背刺区与腹刺区分离。吻部、体侧和尾柄光滑无刺。侧线发达。体侧皮褶发达。背鳍 1 个，后位，镰刀状。臀鳍与背鳍相对、同形。胸鳍宽短，后缘近圆形。尾鳍宽大，后缘平截形。成鱼体背侧面青黑色，腹面乳白色。体侧胸斑大，黑色，白色边缘明显，胸斑后方常有 1 列较小黑斑，呈不规则散布。背鳍基底具 1 黑色大斑。纵行皮褶铅灰色，无黄色纵带。胸鳍、背鳍、臀鳍末端灰褐色，尾鳍黑色。

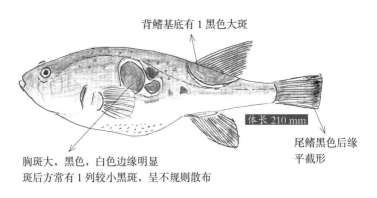

背鳍基底有 1 黑色大斑

体长 210 mm

尾鳍黑色后缘平截形

胸斑大，黑色，白色边缘明显
斑后方常有 1 列较小黑斑，呈不规则散布

图 113　假睛东方鲀 *Takifugu pseudommus*

地理分布： 渤海、黄海、东海以及长江和黄河的河口及流域。朝鲜半岛、日本沿海也有分布。

生态习性： 为近海暖温性中型底层鱼类。喜栖息于沿海海藻丛生海域，有时进入淡水。主要以软体动物、甲壳类、小鱼等为食。5 月出现在渤海西部海域，产卵期 5—6 月。沉性卵。11月后离开近海，返回黄海越冬。

资源现状： 数量少，为偶见种。

经济意义： 可提取河豚毒素，为有毒鱼类。

114. 红鳍东方鲀 (Hóngqídōngfāngtún) *Takifugu rubripes* (Temminck & Schlegel,1850)

别名： 红鳍多纪鲀、黑艇巴、黑腊头、红鳍圆鲀。

同种异名： *Spheroides rubripes* (Temminck & Schlegel, 1850); *Fugu rubripes* (Temminck & Schlegel, 1850); *Tetrodon rubripes* (Temminck & Schlegel, 1850)。

形态特征： 背鳍 17；臀鳍 15；胸鳍 15～16；尾鳍 1+8+2。

体亚圆筒形，头胸部较粗圆，后部渐狭小。头中大，钝圆。眼小，上侧位。口小，前位。上、下颌各具 2 个喙状齿板，中央骨缝显著。唇发达，细裂，下唇较长，两端向上弯曲。鳃孔中大，侧位，位于胸鳍基底前方。鳃盖膜白色。头部及体背、腹面均被较强小刺，吻侧、鳃孔后部体侧面及尾柄光滑无刺，背刺区与腹刺区分离。侧线发达，上侧位。体侧皮褶发达。背鳍 1 个，后位，略呈镰刀状，与臀鳍相对、同形。胸鳍中侧位，宽短，近方形。无腹鳍。尾鳍宽大，后缘近平截形。体背及上侧面青黑色，腹面白色。体侧皮褶黄色。体背有许多不规则浅灰色小圆点。体侧胸鳍后上方有 1 白边黑色眼状大斑，胸鳍前后体侧有众多不规则的小黑斑。胸鳍为浅灰色；臀鳍白色，或充血状红色；其余各鳍黑色。

有 1 白边黑色大斑，前后有不规则的黑斑

体长 185 mm

臀鳍白色，或充血状红色

图 114 红鳍东方鲀 *Takifugu rubripes*

地理分布： 渤海、黄海、东海。俄罗斯、朝鲜半岛和日本沿海也有分布。

生态习性： 为近海暖温性中大型底层鱼类，栖息于近岸浅水区，幼鱼生活于河口内湾或淡水水域。主要以贝类、多毛类、甲壳类、小鱼等为食。5 月出现在渤海西部海域，产卵期 5—6 月。沉性卵。10 月后移出近海，返回黄海中部海域越冬场。

资源现状： 数量不多，为偶见种。

经济意义： 肉味极美，为河豚中的上品，肉需专业处理。经济价值高，可提取河豚毒素。为中国北方沿海重要养殖对象。

115. 虫纹东方鲀 (Chóngwéndōngfāngtún) *Takifugu vermicularis* (Temminck & Schlegel, 1850)

别名： 虫纹多纪鲀、辐斑虫纹东方鲀、虫纹圆鲀、气鼓子、蜡头。

同种异名： *Fugu vermicularis* (Temminck & Schlegel, 1850); *Tetrodon vermicularis* (Temminck & Schlegel, 1850)。

形态特征： 背鳍 13 ～ 14；臀鳍 11 ～ 12；胸鳍 16 ～ 17；尾鳍 1+8+2。

体亚圆筒形，头胸部较粗圆，向后渐狭小。吻钝圆。眼较小，上侧位，眼间隔宽，稍圆凸。口小，前位。上、下颌各具 2 个喙状齿板，中央骨缝显著。唇发达，细裂，下唇较长，两端向上弯曲。鳃孔中大，浅弧形，位于胸鳍基底前方。鳃盖膜白色。体光滑，无小刺。侧线发达，上侧位，至尾部下弯直行于尾柄中央。体侧下缘两侧各具 1 纵行皮褶。背鳍 1 个，后位，镰刀状，与臀鳍相对、同形。胸鳍宽短，侧中位，近似方形，后缘近圆形。无腹鳍。尾鳍宽大，截形。体灰褐色，背侧具许多圆形、大小不一的淡蓝色和白色斑点，有些白斑呈条状或虫纹状，分布不规则。胸鳍后上方各具 1 圆形褐色斑块，背侧隐具 1 褐色横带，连接左右两斑块。背鳍基部亦具 1 褐色斑块，有时不明显。下侧面黄色，腹面白色。除臀鳍和尾鳍下缘白色外，各鳍均黄色。

具 1 圆形黑褐色斑块

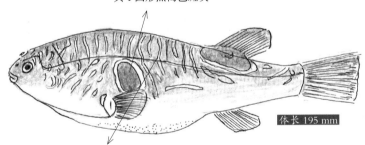

体长 195 mm

白斑呈条状或虫纹状分布不规则

图 115 虫纹东方鲀 *Takifugu vermicularis*

地理分布： 中国沿海及长江咸淡水区。朝鲜半岛、日本等沿海也有分布。

生态习性： 为近海暖温性中小型底层鱼类。栖息于近海及河口咸、淡水中，有时亦进入江河。主要以软体动物、甲壳类、多毛类、小型鱼类等为食。5 月出现在渤海西部海域，产卵期 5—7 月。黏着沉性卵。10 月后移出近海返回黄海中部海域越冬场。

资源现状： 数量少，为偶见种。

经济意义： 体内含河豚毒素，误食很危险。可提取河豚毒素。

116. 黄鳍东方鲀 (Huángqídōngfāngtún) *Takifugu xanthopterus* (Temminck & Schlegel,1850)

别名： 黄鳍多纪鲀、花艇巴、花蜡头、花河鲀。

同种异名： *Fugu xanthopterus* (Temminck & Schlegel, 1850); *Tetrodon xanthopterus* (Temminck & Schlegel, 1850)。

形态特征： 背鳍 15 ～ 16；臀鳍 14 ～ 15；胸鳍 16 ～ 17；尾鳍 1+8+2。

体呈长椭圆形,头部较粗圆,向后渐狭小。吻圆钝。眼中小形,侧高位。眼间隔宽平,微凸。口小,前位。上、下颌牙呈喙状,上、下颌骨与牙愈合,形成 4 个大牙板,中央骨缝显著。唇发达,下唇较长。头及体背、腹面被强小刺,背刺区与腹刺区分离。侧面光滑。侧线发达,上侧位。背鳍 1 个,

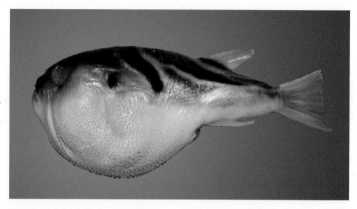

位于体后部,中部鳍条最长。胸鳍宽短,近似方形。尾鳍宽大,后缘截形或稍凹。生活时头体背侧蓝黑色,背侧面具 3 ～ 4 条蓝黑色弧形宽纹,最后 2 条与背缘平行,延向尾部;宽纹间具白色狭条纹。胸鳍基底具 1 蓝黑色大斑。腹侧乳白色。体侧和上下唇浅黄色。各鳍均为橘黄色。

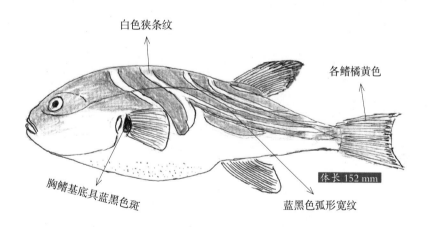

图 116　黄鳍东方鲀 *Takifugu xanthopterus*

地理分布： 中国沿海。朝鲜半岛和日本沿海也有分布。

生态习性： 为近海暖温性中小型底层鱼类。栖息于泥沙底质或岩礁周围近海,幼鱼生活在咸淡水水域。喜集群。肉食性,主要以贝类、多毛类、甲壳类、小鱼等为食。4 月和 5 月出现在渤海西部海域。产卵期 4—6 月。黏着沉性卵。10 月后移出近海返回黄海中部海域越冬场。

资源现状： 数量少,为偶见种。

经济意义： 体内含河豚毒素,误食可致死亡,经专业处理后,肉可供食用。

（五十一）刺鲀科 Diodontidae

117. 六斑刺鲀 (Liùbāncìtún) *Diodon holacanthus* (Linnaeus,1758)

别名：刺鲀、六斑二齿鲀、气瓜仔、气球鱼。

同种异名：*Diodon novemmaculatus* (Cuvier, 1818)。

形态特征：背鳍 13 ～ 14；臀鳍 14；胸鳍 22 ～ 23；尾鳍 1+8+2。

体短圆形，背部高凸，尾柄细长稍侧扁。头宽短，背面斜平。眼大，上侧位。眼间隔宽平。吻宽短，口小，前位。上、下颌各具 1 个喙状板牙，无中央缝。下颌下方左右各具 1 短皮质突起。除吻部及尾柄外全身均被长刺。背鳍 1 个，位于体后近尾柄部，略呈长方形。臀鳍与背鳍形近。胸鳍侧位，宽短，呈扁梯形。尾鳍后缘圆截形。体背面呈灰褐色，具 6 个云纹状黑色斑块和许多小斑点。眼间隔及眼下方，有 1 黑色横带纹；胸鳍上方有 1 黑色斑块；背鳍前方有 1 黑褐色横斑；背鳍基底具 1 黑色圆斑。腹侧白色。各鳍均灰白色。

体背具 6 个云纹状黑色斑块和许多小斑点

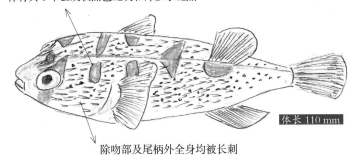

体长 110 mm

除吻部及尾柄外全身均被长刺

图 117 六斑刺鲀 *Diodon holacanthus*

地理分布：黄海、东海和南海，渤海也有少量分布。世界各大洋的热带和亚热带海域均有分布。

生态习性：为近海暖水性中小型底层鱼类。肉食性，主要以大型甲壳类为食。遇敌害时，身体膨大成球状，各棘直立，进行防卫。

资源现状：在渤海数量稀少，为偶见种。

经济意义：有毒，不能食用。可作为观赏鱼。

附　录

白氏文昌鱼 (Báishìwénchāngyú) *Branchiostoma belcheri* (Gray, 1847)

文昌鱼隶属于脊索动物门，头索动物亚门，头索纲，文昌鱼科，文昌鱼属。1932 年在我国厦门沿海分布的文昌鱼定名为白氏文昌鱼，又称贝氏文昌鱼、厦门文昌鱼。1936 年青岛胶州湾发现的文昌鱼，根据其肌节数和腹鳍隔数与厦门文昌鱼比较，认为是一文昌鱼的新变种。青岛文昌鱼为白氏文昌鱼的亚种。1984 年滦河口外发现的文昌鱼，其肌节数和肌数以及背鳍条数等，均与厦门文昌鱼和青岛文昌鱼稍有差异。是否为另一新变种，有待进一步研究，故仍定名为白氏文昌鱼。

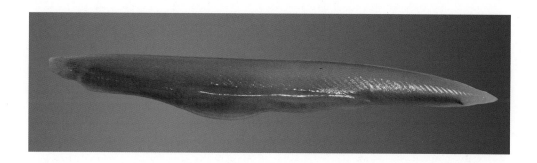

形态特征：体延长，两端尖，背部扁薄，腹面略宽平，有腹褶。体前端腹面有口笠，其边缘有触手 38 ~ 53 个。出水孔位于体前部 2/3 处。肛门位于尾鳍下叶起点的左侧。体侧肌节 65 ~ 72 节，肌式以 39+18+10 为主。背鳍薄膜状，低而延长，其基部具长方形角质鳍条 252 ~ 349 根；腹鳍 44 ~ 68 个。生殖腺呈囊状，位于躯体腹侧，左右各 1 列，左侧 20 ~ 30 个，右侧 24 ~ 31 个。精巢呈乳白色；卵巢呈橙黄色，肉眼依稀可辨其内部有颗粒状结构。生殖细胞由腹孔排出，在海水中受精。活体黄白色，微红，半透明，有光泽。成体长度为 28.1 ~ 52.7 mm，平均体长 43.78 mm。

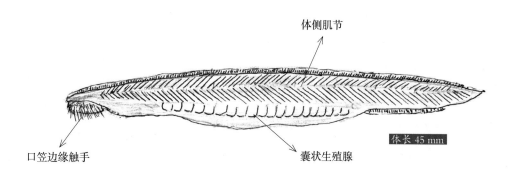

体侧肌节

口笠边缘触手　　　　　　　　　　　囊状生殖腺

体长 45 mm

图 118　白氏文昌鱼 *Branchiostoma belcheri*

地理分布：渤海：滦河口、北戴河、秦皇岛；黄海：青岛、烟台；东海：厦门。

生态习性：文昌鱼为底栖生物，大部分时间营钻沙定居生活。靠身体的颤动迅速钻掘沙层，将身体钻入沙内，只有前端小部分伸出沙外用来摄取食物。当水温较低时埋栖深度在 1 cm 左右，有一小洞用来流水呼吸及摄食。喜栖息于底质为中、细砂、流速缓慢、水深 6 ~ 15 m、水色清澄的浅海。摄食以小型底栖硅藻为主。河北东部近海文昌鱼产卵期 5—7 月，第二期产卵期为 11—12 月。第二期产卵后到翌年 3 月大体长组（体长在 45 mm 以上）就消失了。出现产卵后相继死亡现象。

资源现状：1983—1985 年进行了 12 个航次的文昌鱼资源专项调查，调查范围北起秦皇岛近海，南到滦河口南侧。调查结果，文昌鱼的集中分布区面积大约为 1 200 km²，分布区平均生物量为 6.83 g/m²，最高生物量为 199.35 g/m²。根据分布情况，设立了"文昌鱼自然保护区"。近年来由于近海扇贝养殖规模的扩大，赤潮的不断发生，可能对文昌鱼的繁殖、生长有一定影响。在 2012—2016 年渔业资源调查的底栖生物采样中，在原集中分布区的站位或多或少都采捕到了文昌鱼，但密度、生物量都低于 1983—1985 年调查数据，滦河口南侧高于原中心区的新开口外海。

经济意义：文昌鱼为典型的脊索动物，在动物分类学上有很重要的地位，被用做生物教学标本。也是营养价值很高的水产品。

参考文献

陈大刚，张美昭，2016. 中国海洋鱼类. 青岛：中国海洋大学出版社 .

刘静，陈咏霞，马琳，等，2015. 黄渤海鱼类图志. 北京：科学出版社 .

唐启生，2006. 中国专属经济区海洋生物资源与栖息环境. 北京：科学出版社 .

田明诚，孙宝龄，杨纪明，1993. 渤海鱼类区系分析 [J]. 海洋科学集刊 (1): 157-167.

王所安，王志敏，李国良，等，2001. 河北动物志—鱼类. 石家庄：河北科学技术出版社 .

伍汉霖，邵广昭，赖春福，等，2017. 拉汉世界鱼类系统名典. 青岛：中国海洋大学出版社 .

物种 2000 中国节点 . http://www.sp2000.org.cn.

张春霖，成庆泰，郑葆珊，等，1955. 黄渤海鱼类调查报告. 北京：科学出版社 .

Y

Z

拉丁名索引